KALTANBAU

Theres Lundén &
Johannes Wätterbäck

Mit KALT ANBAU zu grünen Wundern

Für ganzjährige Erntefreude und robuste Pflanzen

LV.Buch

Willkommen in der Kälte!

In einer Zeit, die von unterschiedlichsten Krisen geprägt ist, denken viele von uns darüber nach, was im Leben wirklich wichtig ist. Gerade jetzt fühlt es sich richtig an, mit der Natur zu leben, einen gesünderen Lebensstil umzusetzen, sein eigenes Essen anzubauen und Strom zu sparen. Was für ein Glück, dass es in diesem Buch genau darum geht! Schon lange weiß man, dass Gartenarbeit eine heilende Wirkung hat, und es sich lohnt, sein eigenes Essen anzubauen, auch finanziell. Wenn man dabei Energie spart, lohnt es sich gleich noch mehr – jedenfalls, wenn man es mit der Selbstversorgung ernst meint. Außerdem schmecken die selbst angebauten Lebensmittel auch am besten.

Unsere Gartenexperimente zielten eigentlich gar nicht auf den energiesparendsten und kosteneffektivsten Anbau, doch meist lief es dann doch genau darauf hinaus. Allerdings hatten wir immer vor, ohne Pflanzenbeleuchtung und künstliche Wärme auszukommen, einfach für den Fall, dass wir das irgendwann müssen.

Darüber hinaus hat uns der Wunsch angetrieben, so viel wie möglich über einen möglichst langen Zeitraum hinweg zu ernten. Daraus entstand dieses Buch.

Hier erläutern wir umfassend, wie man bei kalten Temperaturen Pflanzen anbaut. Sie erfahren, was man wann und wo auf energie-, zeit- und platzsparende Art sät, und es gibt Tipps, wie man plant, um im Spätherbst, Winter und Frühling zu ernten. Durch den kalten Anbau verlängert man auch die Saison. Anstatt nur während weniger Monate zu säen und zu ernten, kann man es das ganze Jahr über tun.

Johannes & Theres

1

Die Natur nachahmen

EINLEITUNG

Die meisten Wildkräuter blühen im Frühling, Sommer oder Herbst, dann bilden sie Samen, die sich auf unterschiedliche Weise verbreiten. Nicht selten landen sie auf der Erde und warten auf den richtigen Moment zum Keimen. Manchmal passiert das schon im Herbst und die kleinen Pflanzen müssen dann durch den Winter kommen. Es gibt also Pflanzen, die ganz klein überwintern, um dann im Frühling weiterzuwachsen. Andere Samen ruhen im Winter und keimen erst im Frühling. Sind sie dann groß gewachsen, werden sie später vielleicht geerntet. Manche Pflanzen erfrieren beim ersten Frost, während andere den ganzen Winter über bleiben und noch manchen Hungrigen ernähren können.

Wenn wir also in der Kälte gärtnern, imitieren wir die Natur. Wir sähen in der Kälte, sodass die Samen keimen können, wann sie möchten. Wir lassen ausgewachsene, frostharte Gemüse noch an ihrem Platz stehen, um sie zu ernten, wenn andere schon aufgegeben haben. Aber welche Pflanzen ertragen die Kälte? Die meisten! Etwa 90 % aller Gemüsearten, die wir anbauen, säen wir im Winter oder im kalten Frühling, z. B. die meisten Kräuter, Kohlsorten, Blatt- und Wurzelgemüse sowie Tomaten, Mais, Zuckerrohr und Zwiebelarten, außerdem noch ein- und zweijährige Sommerblumen und Stauden.

Ein großer Vorteil beim Kaltsäen ist, dass man Platz spart, denn es ist kaum möglich, alle Pflanzen im Haus vorzuziehen. Außerdem brauchen solche Pflanzen mindestens eine Woche der Eingewöhnung, um mit dem Licht und dem Leben im Freien klarzukommen. Diese Abhärtung fällt weg, wenn man kalt sät, da die Pflanzen von Beginn an das Klima gewöhnt sind. Die Kombination aus hellen, warmen Tagen und dunklen, kalten Nächten führt zu unglaublich kräftigen und schönen Pflanzen. Beim kalten Gärtnern zieht man in Samenkästen vor, die an einem kalten Platz, z. B. in einem Kaltgewächshaus, einem Wintergarten, einem Folientunnel oder einem Frühbeet stehen und auf die Wärme zum Keimen warten. Aber man kann auch bei niedriger Temperatur direkt im Freiland, in Holzrahmenbeete oder Töpfe säen.

NICHT ALLES LÄSST SICH KALT SÄEN

Es gibt auch Pflanzen, die kaltes Wetter gar nicht vertragen, vor allem wenn sie aus Äquatornähe stammen; die kann man nicht in die Kälte locken und nie draußen säen oder in der Kälte ernten.

Chili, Paprika und Auberginen wollen es bei der Saat warm haben und wachsen langsam, die müssen also drinnen vorgezogen werden, am besten unter Pflanzenlampen. Kürbisgewächse wie Melone, Kürbis und Zucchini lieben ebenfalls die Wärme und profitieren vom Vorziehen im Haus, wenn man keine Wärmematte im Gewächshaus nutzen oder auf warme Außentemperaturen warten will. Kürbisgewächse sind auch gegenüber Herbstwetter sehr empfindlich und welken oft schon im September; deren reife Früchte muss man aber nicht sofort ernten.

TRAUMJAHR EINES GÄRTNERS

Der ideale Start für unser Traumjahr ist ein Winter, der Mitte Dezember selbstbewusst mit viel Schnee und Temperaturen zwischen -3 und -10 Grad kommt. Das kalte Wetter hält sich dann bis Ende Februar, in der ganzen Zeit liegt eine 20–40 cm dicke Schneedecke. Die Stauden und alles, was im Herbst und Winter draußen und in Frühbeeten gesät wurde, ruht, bereit, im Frühling loszulegen. Das Gemüse, das wir zur späteren Ernte im Beet gelassen haben, meist Kohlsorten, ist immer gefroren. Durch das stabile Winterwetter hält sich der Kohl lange, bis in den März hinein, wenn alles passt.

JANUAR. Im Januar säen wir alle Stauden in Samenkästen, die wir ins Kaltgewächshaus stellen und dick mit Schnee bedecken. Im Gewächshaus lassen sonnige Tage den Schnee schmelzen und in kalten Nächten gefriert alles wieder. Viele Stauden mögen einen solchen Start, der ihnen versichert, dass es wirklich Winter war und der Frühling im Anmarsch ist. Da keine Tiere sich an unserem Gemüse gütlich getan haben, können wir im Garten Kohlröschen, Rotkohl, Wirsing, Rosenkohl, Weißkohl, Feldsalat und Thymian ernten.

FEBRUAR. Mitte Februar säen wir die meisten Gemüse und weil noch Schnee liegt, schaufeln wir eine 10 cm dicke Schicht auf die Samenkästen. Wir schauen ab und an nach den Samen im Kaltgewächshaus, damit sie feucht, aber nicht zu nass, bleiben.

MÄRZ. Im März kann es im Gewächshaus bis zu 35 Grad werden, und in diesem perfekten Gartenjahr wird es nachts nie kälter als -2 Grad. Den Pflanzen geht es super, Stauden und Gemüse wachsen und gedeihen.

APRIL. Im April gibt es praktisch keinen Nachtfrost mehr und alle Pflanzen werden groß. Jetzt säen wir Sommerblumen, Gemüseportulak und Tomaten, im Gewächshaus herrscht jetzt Gedrängel. Tagsüber wird es so warm, dass wir die Anzuchtkiste mit Kohl- und Salatpflanzen vorm Gewächshaus auf Böcke gestellt haben, wenn wir sie nicht sowieso schon ins Freiland und in Holzrahmenbeete gesetzt haben.

MAI. Im Mai säen wir Bohnen, Mais und Zuckerrohr im Gewächshaus. Die Temperatur ist jetzt perfekt, keine Hitzewelle, sondern tagsüber meistens 19 bis 20 Grad, die Nächte sind mild, ohne Überraschungen. Das meiste wurde inzwischen ausgepflanzt, es regnet jede zweite Nacht und tagsüber ist es sonnig.

JUNI–AUGUST. Es regnet den ganzen Sommer über gleichmäßig, sodass wir kaum gießen müssen, die Natur erledigt das für uns. Im Gewächshaus und im Beet wird wieder gesät: Kräuter, Gemüse und Sommerblumen, die wir im Herbst, Winter und vielleicht sogar im nächsten Frühling genießen wollen. Die eigentliche Gartenarbeit besteht vor allem darin, nach Schädlingen zu sehen, Pflanzen aufzubinden und zu ernten.

SEPTEMBER. Zum Herbst gibt es ab und an lauen Regen, und es bleibt bis Ende September warm und sonnig. Die Pflanzen produzieren unglaublich viel Essbares, nichts ist so befriedigend wie die Ernte in einem langen, warmen Herbst.

OKTOBER. An den Stangenbohnen hängen neue Schoten, die Kosmeen blühen wie noch nie, und wir ernten mehrere Kilo Tomaten. Im Sommer gesäter Kohl und Salat versorgen uns mit grünen Blättern und die im Sommer gesäten Rüben ernten wir ständig.

NOVEMBER. Sogar im November regnet es weiter mit perfektem Abstand, sodass der Boden feucht ist und das Grundwasser aufgefüllt wird. Trotz all dem Niederschlag bekommen wir ein paar magische Herbsttage, an denen es trocknet und die Sonne scheint. Nachdem wir einen Teil unseres Wurzelgemüses geerntet haben, säen wir neues und setzen auch Knoblauch.

DEZEMBER. Jetzt warten wir nur noch darauf, dass es Mitte Dezember kalt wird und schneit. An Weihnachten ernten wir Grünkohl, Rotkohl, Lauch und Wurzelgemüse, das wir gern einlegen oder mit etwas anderem zubereiten, das wir im Laufe des Jahres geerntet haben.

Die Erde – der wichtige Grund

Vor einem Jahr tauchte Johannes' alter Kalender von 1992 wieder auf. Unter dem 8. März stand: „Fing mit dem Garten an." Damit war der Waldgarten gemeint, den Johannes' Mama Solveig vor seiner Geburt als Sommerhaus für die Familie angelegt hat. Nach Solveigs viel zu frühem Tod zog die Familie aus der Stadt ins Sommerhaus. Über die Zeit verwandelte sich der Garten von einer Oase im Wald zu einer wilden Lichtung mit ein paar einzelnen, überlebenden Blumen, jahrelang sah er traurig aus. Schließlich fühlte sich der 21-jährige Johannes herausgefordert, die Ärmel hochzukrempeln und sich des Elends anzunehmen.

Nachdem er ewig zwischen alten Pflanzen, Unkraut und vielen Wurzeln gebuddelt hatte, konzentrierte er sich bald auf die Erde, die erschöpft zu sein schien. Die wenigen Krümel, die nach dem Jäten und Entfernen der Wurzeln noch übrig waren, waren trocken, sandig und im Prinzip tot. Kein einziger Wurm war zu sehen. Es galt, Kompost zu machen, Erde vom nahen Acker zu holen und Dünger vom Nachbarn, der Pferde hat. Schon bald war klar, dass man nie damit fertig wird, die Erde zu verbessern. Jedes Jahr braucht es neuen Dünger, organisches Material, Feuchtigkeit, Struktur und manchmal auch Mineralien.

Im Waldgarten lernten wir über die Jahre Säen, Kompostieren, Erdverbesserung, Neuanlage von Beeten, Gewächshauszucht, Pflanzenvermehrung und Ernten. Obwohl wir anderswo studierten und arbeiteten, kamen wir in jedem freien Moment hierher. Jetzt sind wir hier zu fünft: Johannes, Theres, Moses, Tora und unser Hund Ellie. Wir wohnen mitten in Västerås und seit ungefähr zehn Jahren gärtnern wir auch in der Stadt.

← Der Waldgarten, in dem unser Gärtnern begann und den wir bis heute bestellen.

Neben dem Stadtgarten in der Nähe unserer Mietwohnung haben wir auch an anderen Gartenprojekten in Västerås teilgenommen. Durch all das zieht sich die Pflege der Erde wie ein roter Faden, eine gute, nährstoffreiche Erde ist das A und O, damit Pflanzen gedeihen. Dafür kann man organisches Material wie Laub, Kompost, Silage und/oder Pflanzenkohle (s. S. 25–44) zufügen. Eigentlich gibt es nur drei Eigenschaften, die eine gute Erde ausmachen: Sie soll locker sein, also leicht zu bearbeiten, und sie soll Feuchtigkeit und Nährstoffe enthalten.

Freilanderde gibt es in zwei Varianten:
LEHMIGE ERDE ist schwer und ohne Beifügung von z. B. Kompost, Silage, Rindenhumus, Laub oder Grasschnitt ist sie schlecht zu bearbeiten, und einige Pflanzen haben es schwer, vor allem die, die Pfahlwurzeln haben wie einige Wurzelgemüse. Das Gute an lehmiger Erde ist, dass sie viele Mineralien enthält und Wasser hält. Um diese Erde lockerer zu machen und leichter bearbeiten zu können, gibt man organisches Material dazu. Pflanzenkohle (s. S. 34) hat dabei unserer Erfahrung nach kaum einen Effekt, und Sand zu ergänzen, kann die Erde im schlimmsten Fall wie Beton werden lassen. Hat man Lehmerde, die so schwer ist, dass man sie wirklich nicht bearbeiten kann, kann man eine leichtere Erde obenauf legen (s. S. 52).

SANDIGE ERDE lässt sich leicht umgraben und Wurzelgemüse liebt sie – solange nicht massenweise Steine darin liegen. Man kann sogar in reinem Sand anbauen, wenn man frischen Grasschnitt zwischen die Pflanzen legt und bis zur Ernte mindestens zweimal pro Saison eine ca. 10 cm dicke Schicht auflegt. Damit Nährstoffe und Wasser nicht einfach durch die sandige Erde durchlaufen, muss man entweder mulchen (s. S. 53) oder organisches Material einarbeiten, gern auch Pflanzenkohle. Düngt man zu wenig, bleiben die Pflanzen klein.

EIGENE GARTENERDE. In unseren Gärten sind wir immer von der vorhandenen Erde ausgegangen, oder wir haben, wie im Waldgarten, etwas sandige Erde vom nahen Ackerrand als Grundlage genommen. Dann haben wir Komposterde, Pflanzenkohle und Tierdung (oft von Kuh oder Pferd) eingearbeitet. Wenn Fallobst zur Verfügung stand, haben wir auch das eingearbeitet oder Silage, Heulage oder anderes Pflanzenmaterial. Wir nehmen einfach das organische Material, das uns zur Verfügung steht.

PFLANZENERDE. Manchmal kaufen wir, sowohl für die Stadtgärten als auch für den Waldgarten, fertige Pflanzenerde, die mit einem Lkw geliefert wurde. Wir verwenden eine Sorte aus 60 % lehmiger und sandiger

Pflanzenerde zu kaufen und in einem großen Haufen im Garten aufzuheben, ist sicher eine gute Investition.

Erde und 40 % Kompost. Der Vorteil einer solchen Mischung ist, dass sie nicht zusammensackt, wie es bei Torferde passieren kann.

Wir haben viel organisches Material sowie Dünger und Pflanzenkohle hinzugefügt und nach ein paar Jahren war diese Erde fantastisch. Das organische Material und/oder die Pflanzenkohle macht die Erde locker, was gut ist, weil die Pflanzenerde aus feinem Material besteht und in ihrer Zusammensetzung sehr homogen ist. Kauft man eine Fuhre dieser Pflanzenerde, reicht die für immer, wenn man nur darauf achtet, sie regelmäßig mit organischem Material und Dünger zu versorgen.

EWIGE ERDE

Erde braucht sich nicht auf und wird nicht schlecht, solange sie nicht giftig ist. Wenn man sie mit Dünger und organischem Material füttert, kann man sie eigentlich für immer nutzen. Die Erde in Holzrahmenbeeten muss also nie ausgetauscht werden.

TORFERDE. Die Erde, die man in Säcken kauft, besteht meistens aus Torf, dem Lehm, Sand und irgendein Dünger beigemischt wurde. Es gibt Erde, die an bestimmte Pflanzen angepasst wurde, z. B. Anzuchterde, Aussaaterde, Tomaten- und Geranienerde. Anzuchterde ist wunderbar für die Aussaat, das Umpflanzen und den Anbau in Töpfen oder Kästen von 60 bis 100 l Volumen, weil sie Dünger enthält und das Wasser gut speichert. Wir benutzen bei der Aussaat immer Anzuchterde, aber nie die sehr feinkörnige und nährstoffarme Aussaaterde.

Wenn die Aussaat mehrere Monate in unserem Kaltgewächshaus bleibt, mischen wir manchmal Erde mit Sand (100–500 ml Sand auf 2–3 l Anzuchterde), um sie luftiger zu machen, dann ist es auch einfacher, die Pflanzen später herauszuziehen. Torferde aus Töpfen geben wir nach der Nutzung auf den Gartenkompost oder in ein Beet.

Ein Holzrahmenbeet oder große Beete im Freiland nur mit Torferde anzulegen, ist keine gute Idee, weil die sehr schnell in sich zusammensackt und nicht nachhaltig ist. Aber zusammen mit anderer Erde kann man sie nutzen. Auf S. 23 erfahren Sie, wie man seine eigene Erde mischt.

VERMEIDEN SIE TORF

Torf in Anzuchterde wird in Torfmooren gebrochen und ist nicht nachhaltig. Es gibt bereits viele Ersatzprodukte auf dem Markt, z. B. Kokosfaser und recycelte Reste der Papierherstellung. Bisher haben wir allerdings noch kein Produkt gefunden, das genauso fluffig ist und genauso gut Wasser hält wie Torf. Wer geschickt ist, sollte seine eigene Anzuchterde mischen, aus Laubkompost mit Pflanzenkohle und Komposterde.

RINDENHUMUS. Wenn wir unsere eigene Erde für Holzrahmen- und Freilandbeete mischen, sorgt Rindenhumus für dauerhafte Lockerheit und Struktur, was die Pflanzen zu mögen scheinen. Rindenhumus besteht aus kompostierten, feinen Rindenresten, oft von Nadelbäumen, und kann im Sack gekauft werden. Rindenhumus eignet sich gut, um schwere Lehmerde aufzulockern.

ANDERE PRODUKTE. Es gibt noch andere Erdprodukte, wie Perlite und Vermiculit, die Erde für Aussaaten und Stecklinge luftig machen, wir nutzen sie manchmal, wenn wir keinen Sand haben. Daneben gibt es noch Unmengen anderer Zusätze und Spezialerden zu kaufen, aber wir konnten keinen Vorteil feststellen. Eine lockere Erde mit Nährstoffen in Kombination mit Licht und Wasser ist die Grundlage für schöne und kräftige Pflanzen.

Barkmull

Eigene Erde aus Säcken mischen

Diese Erde ist perfekt, wenn Sie keine Pflanzenerde kaufen, aber schnell loslegen wollen. Sie eignet sich für erhöhte Beete (s. S. 52) und auch für große Pflanzkästen. Wir benutzen sie oft bei doppelten Holzrahmenbeeten. Der Nährstoffgehalt reicht lange, aber in jeder Saison muss man Dünger dazugeben und manchmal, wenn die Erde zusammensackt, auch mit einem Material eigener Wahl auffüllen, z. B. mit alter Erde aus Töpfen. Nehmen Sie die Anleitung als Basis zum Experimentieren, verändern Sie das Mischungsverhältnis oder geben Sie etwas ganz anderes hinzu wie z. B. Sand, Kokosfaser, Pflanzenerde oder Silage. Alle Erd- und Düngeprodukte müssen zu 100 % frei von Pyridincarbonsäuren (s. S. 41) sein. Hühner- und Gemüsedünger kann gegen Naturdünger oder andere giftfreie Dünger ausgetauscht werden.

Für ca. 400 l (genug für ein doppeltes Holzrahmenbeet):

- ➔ 100–200 l Anzuchterde (2–4 Säcke)
- ➔ 4–120 l Pflanzenkohle (1–3 Säcke) zur Hälfte mit pelletiertem Hühnerdung gemischt. Wenn man Pflanzenkohle selbst macht, kann man 60 l Pflanzenkohle mit 60 l Komposterde mischen
- ➔ 50–150 l Rindenhumus (1–3 Säcke)
- ➔ 50 l Kuhdung (1 Sack)
- ➔ ca. 1 l pelletierter Hühnerdung
- ➔ ca. 1 l pelletierter Gemüsedünger
- ➔ 2–3 gehäufte Handvoll Bio-Algenkalk oder Steinmehl

← Man braucht viele Säcke Erde, um doppelte Holzrahmenbeete zu füllen.

Kompost – die eigene Erdfabrik

In jedem Garten muss es mindestens einen Komposthaufen für den Gartenabfall geben. Wir haben inzwischen meist zwei verschiedene: einen traditionellen Komposthaufen und mehrere Bokashikomposte. Beim traditionellen Kompost wird aus Pflanzenabfall humusreiche Erde, und beim Bokashikompost werden Essenreste fermentiert, die später die Erde mit nützlichen Mikroorganismen und Nährstoffen bereichern. Es gibt auch noch Thermokompost und Wurmkompost. Man kann mehrere unterschiedliche Kompostsysteme gleichzeitig unterhalten, eins schließt das andere nicht aus, im Gegenteil, alles hilft der Erde.

GARTENKOMPOST. Dieser einfache Kompost imitiert die Natur, wie sie aus Pflanzenresten nährstoffreiche Erde macht. Man kann den Gartenabfall in selbst gebaute Kästen, in Holzrahmenbeete oder auf einen großen Haufen auf die Erde legen – bei uns gibt es alle Varianten. Wir finden, es wird am besten, wenn der Abfall Bodenkontakt hat, denn dann können die Mikroorganismen und Tiere, die Stoffe abbauen, sie von unten erreichen und recht schnell in Erde verwandeln. Auf den Gartenkompost kommen abwechselnd Kräuter, Stiele, alte Erde und tote Pflanzen, aber keine, die krank sein könnten.

Damit das Verrotten optimal geschieht und wir jährlich Kompost ernten können, graben wir ihn im Frühling und im Herbst um, das beschleunigt den Abbauprozess deutlich. Beim Umgraben landet das Unterste zuoberst und das Oberste zuunterst. Man kann auch mehrere Komposthaufen anlegen und mit der obersten Lage daneben einen neuen beginnen.

← Den Kompost haben wir 1992 angelegt, er ist jetzt über 30 Jahre alt.

Man kann auch Essensreste in den Gartenkompost tun, das beschleunigt das Verrotten, bringt Feuchtigkeit und macht die Erde nährstoffreicher. In einem trockenen Kompost dauert der Abbau länger, ja manchmal geschieht in einem trockenen Kompost gar nichts und man muss ihn gießen. Die Erde aus dem Gartenkompost muss nicht vollständig zersetzt sein, wenn man sie in den Boden einarbeitet.

Gut zu wissen: Komposthaufen mit Gittern funktionieren oft nicht so gut, weil sie sehr trocken sind, sodass der Abfall eher erhalten als umgewandelt wird.

BOKASHI ist eine Kompostierungsmethode, um Essenreste so vorzubereiten, dass man sie direkt in die Erde einarbeiten kann, ohne, dass sie verrottet sind. Im Boden kümmern sich dann Mikroorganismen und Würmer darum und machen Erde daraus. Die Vorgehensweise ist einfach und viele finden sie faszinierend.

Man legt die Essensreste in luftdichte und fest schließende Eimer mit oder ohne Zapfhahn und streut etwas darüber, normalerweise eine Art Kleie, die mit verschiedenen Mikroorganismen getränkt wurde. Diese effektiven Mikroorganismen sind hier entscheidend, denn sie bearbeiten die Essensreste und fermentieren sie. Man kann auch ein Spray nutzen, das diese Mikroorganismen enthält.

ZU BEACHTEN

Wir hatten keine großen Probleme mit Tieren, die vom Kompost angezogen wurden. Aber sowohl Essensreste als auch Bokashikompost können Besucher anlocken, wie Dachse, Raben, Ratten, Elstern und Mäuse. In den letzten Jahren haben wir das Bokashimaterial nicht mehr im Herbst eingegraben, weil verschiedene Tiere es dann ganz besonders schätzen

Das Gute bei der Bokashikompostierung ist, dass man den Inhalt schon nach zwei Wochen bei Zimmertemperatur in die Erde eingraben kann. Nach weiteren 14 Tagen kann man säen oder pflanzen. Bokashikompostierung ist eine sehr schnelle Methode, durch die unsere Essensreste effektiv verarbeitet werden.

Bei Eimern mit Zapfhahn kann man das Wasser vom Fermentationsprozess ablassen und drinnen wie draußen als Düngerwasser verwenden. Es muss aber stark verdünnt werden, wir geben 10 l Wasser auf max. 50–100 ml Sickersaft und gießen damit im Haus.

Eimer mit Bokashikompost können im Winter draußen in der Kälte oder frostfrei im Haus stehen. Man muss nicht unbedingt spe-

Wer den Bokashikompost nicht so wie er ist eingraben möchte, kann ihn mit alter Erde mischen und in einen Behälter mit Deckel geben. Bald ist alles verrottet und zu neuer, nährstoffreicher Erde geworden.

zielle Bokashieimer kaufen, alle Behälter mit gut schließendem Deckel funktionieren. Unsere vierköpfige Familie bringt es auf rund 400 l fermentierte Essensreste pro Jahr. Das mag nach sehr viel klingen, aber da wir fast autark leben und gern experimentieren, Bier brauen, Wein aus Äpfeln und Trauben und Holunderblütensaft herstellen, haben wir unfassbar viel Abfall. Dazu kommen Essensreste, Schalen und Putzabfall vom Gemüse. Wir könnten auch viermal so viel gebrauchen, es wäre noch nicht genug für all unsere Gärten.

THERMOKOMPOST. Bei der Thermokompostierung werden Essensreste in einem isolierten und geschlossenen Behälter abgebaut. Da beim Verrottungsprozess Wärme entsteht, kann das ganze Jahr über kompostiert werden und das Ergebnis ist im Prinzip fertige Erde. Es ist von Vorteil, in zwei Behältern gleichzeitig zu kompostieren, dann kann man den einen ernten und den anderen füttern. Die Technik eignet sich für alle, die eventuelle „Schädlinge" abhalten, fertige Erde ernten oder die Essensreste nicht anders kompostieren wollen oder können.

WURMKOMPOST ist natürlich ein Kompost mit Würmern. Genau wie beim Bokashi- und Thermokompost werden hier Essensreste zu Erde. Behälter und Kompostwürmer kann man im Internet kaufen oder einen eigenen Kompost bauen. Wer den Platz hat, z. B. unter der Spüle, und gern einfache, sehr stille Haustiere möchte, die Erde produzieren, für den ist der Wurmkompost eine spannende Alternative.

→ Beim Thermokompostieren entsteht die Erde sehr schnell.

Dünger und Bodenverbesserer

Nährstoffmangel ist eine der häufigsten Ursachen für schlechte Ernten und Pflanzen, die nicht ihr volles Potenzial erreichen. Pflanzen sind anpassungsfähig und entwickeln sich ausgehend von dem, was sie vorfinden. Wenn sie Dünger erhalten, dann verwandeln sie die Energie in Grünmasse, Blüten, Wurzeln, Früchte und Samen, die wir ernten können. Wir haben noch nie einen Gärtner getroffen, der zu viel gedüngt hat – abgesehen von Johannes selbst im ersten Jahr im Waldgarten – aber schon viele, die zu wenig düngen.

Zwei Dünger haben in den meisten Tests gut abgeschnitten, frischer Grasschnitt und ein flüssiger Mineraldünger. Der eine ist natürlich und organisch, der andere chemisch und anorganisch. Aber beide enthalten alle Nährstoffe, die die meisten Pflanzen brauchen, im richtigen Verhältnis.

Die meisten Dünger und Nährlösungen im Handel sind NPK-Dünger. N steht für Stickstoff, der zu mehr Blättern führt, P für Phosphor, der das Wurzelwachstum, die Blütenbildung und Fruchtentwicklung stimuliert und K für Kalium, das den Pflanzen hilft, den Salzgehalt zu regulieren und damit auch den Zuckergehalt. Das Verhältnis der Stoffe wird in Zahlen angegeben, z. B. 8-3-5, 8 steht für Stickstoff, 3 für Phosphor und 5 für Kalium. Neben diesen Makronährstoffen, werden auch Mikronährstoffe wie Eisen, Zink, Kupfer u. a. zugesetzt. Für ein gutes Ergebnis ist es wichtig, dass die Pflanzen sowohl Stickstoff als auch Phosphor und Kalium bekommen.

← Wir bauen gern eng und durcheinander an. In einem Holzrahmenbeet pflanzen wir beispielsweise fünf rote Spitzkohlpflanzen, zwei Kohlröschen, drei Salatpflanzen, eine Walderdbeere und zwei Amarante, vorausgesetzt, wir düngen üppig.

FESTER DÜNGER

Bevor wir im Freien oder auch in Kästen oder Töpfe aussäen und Pflanzen setzen, geben wir Nährstoffe in die Erde und zwar einen festen Dünger. Das Gute an festem Dünger ist, dass man ihn nur ein einziges Mal pro Saison geben muss. Die Nährstoffe lösen sich durchs Gießen nach und nach und erreichen die Pflanzen während der gesamten Wachstumsphase. Möchte man den Pflanzen später noch einen Nährstoffkick bieten, kann man Flüssigdünger geben (s. S. 37).

Es gibt viele verschiedene feste Düngersorten. Benutzt man Naturdünger, Unkrautdünger, Silage/Heulage oder Grasschnitt, erhält die Erde nicht nur Nährstoffe, sondern auch eine gute Struktur. Bei pelletiertem Dünger oder Dünger in Pulverform führt man nur Nährstoffe zu und muss in größerem Umfang noch etwas Strukuraufbauendes wie organisches Material oder Pflanzenkohle dazugeben.

DÜNGER IN PELLET- ODER PULVERFORM. Im Gartenhandel gibt es viele unterschiedliche Dünger zu kaufen, im Sack, Karton, in Tüte oder Dose. Manche sind organisch, d. h., dass sie aus dem Pflanzen- oder Tierreich stammen und andere sind industriell hergestellte, chemische, sogenannte Kunstdünger. Es gibt auch Mischungen dieser Dünger. Organische Dünger in Pellet- oder Pulverform sind oft eine Mischung aus unterschiedlichen Zutaten, von Schlachtabfällen und Restprodukten der Lebensmittelindustrie bis zu Algen, Kalk und Tierdung. Es gibt pelletierten Dünger, der ausschließlich aus Kuh- oder Hühnerdung besteht oder aus Dung von Tieren wie Fledermäusen und Mehlwürmern. Solange diese Dünger zu 100 % frei von Pyridincarbonsäuren (s. S. 41) sind, sind sie meist gut und leicht anzuwenden.

Kunstdünger ohne organische Zusätze enthalten keine Pyridincarbonsäuren, sind in vielen Varianten erhältlich, oft etwas stärker als organische Dünger und die beste vegane Alternative.

NATURDÜNGER. Glücklich, wer eine Kuh, ein Pferd, ein paar Hühner oder Schafe oder freigiebige Tierbesitzer als Freunde hat und damit freien Zugang zu Naturdünger. Dünger von Tieren gibt der Erde sowohl Nährstoffe als auch Masse. Außerdem wimmelt es in einer solchen Erde auch vor Mikroorganismen und Würmern. Eine lebendige Erde zeugt oft von einem hohen Nährstoffgehalt.

Bei Naturdünger ist es schwierig, genau zu wissen, wie viele Nährstoffe er in welchem Verhältnis enthält. Wir empfehlen 1,5–3 kg pro Quadratmeter. Es ist auch gut zu wissen, dass sich die Nährstoffe des Naturdüngers, wie auch die anderer Dünger, während der Saison aufbrauchen. Vor der nächsten Pflanzsaison muss man die Prozedur also wiederholen. Stellen Sie sicher, dass Ihr Dünger keine Reste sogenannter Pyridincarbonsäuren enthält (s. S. 41).

GRASSCHNITT. In unseren Gärten haben wir keinen Rasen mehr, sondern nur noch Beete. Aber hätten wir einen Fußballplatz und einen Rasenmäher mit Auffangbehälter, bräuchten wir gar keinen anderen Dünger mehr. Grasschnitt hat sich nämlich als unschätzbare Ressource für Gärtner herausgestellt. Frischer Grasschnitt enthält genau die Nährstoffe, die Pflanzen brauchen und das auch im richtigen Verhältnis.

Da das Vorbereiten der Erde und der erste Grasschnitt der Saison zeitlich nicht zusammenpassen, kann man ihn nicht als Grunddüngung verwenden. Aber es führt zu einem tollen Ergebnis, den Grasschnitt als dicke Schicht zwischen die Pflanzen auf die Erde zu legen. Über den Sommer füllt man nach dem Mähen den Grasschnitt zwischen den Pflanzen auf. Wenn die Saison zu Ende ist, arbeitet man ihn in die Erde ein.

Wer gern Vorratshaltung betreibt, kann im Herbst den letzten Grasschnitt in Plastiksäcke sammeln und eigenen Unkrautdünger herstellen (s. S. 34). Damit hat man Grasschnitt in fermentierter Form, der in die Erde eingearbeitet oder als Deckmaterial daraufgelegt werden kann, und zwar lange vom ersten Mähen in der nächsten Saison.

UNKRAUTDÜNGER. Eine Quelle für Nährstoffe, die wir oft nutzen und selbst herstellen, ist Unkrautsilage. Wir sammeln im Frühling und Sommer Unmengen Unkraut, bevor es blüht – das kann alles Mögliche sein, auch Farn, Wegerich, Giersch und verschiedene Gräser. Dann legen wir es sofort, so lange es frisch ist, in große, dichte Plastiksäcke oder Eimer mit fest schließendem Deckel. Da fermentiert das Material und ist nach fünf Wochen bereit. Schwupps, haben wir festen Dünger selbst hergestellt, der ungefähr dieselben Eigenschaften wie Grasschnitt hat und den man bis zur nächsten Saison lagern kann. Wir graben den Unkrautdünger in die Beete ein, z. B. wenn wir neue Holzrahmenbeete anlegen und geben ihn unten in Töpfe.

Man kann Unkrautsilage auch zum Mulchen (s. S. 53) verwenden, oder auch frisches, unfermentiertes Unkraut. Silage und Heulage aus der Landwirtschaft funktionieren ebenfalls gut, sowohl aus frischen wie auch schimmligen Ballen. Arbeiten Sie sie tief in die Erde ein und achten Sie darauf, dass Sie keinen Schimmel einatmen und auch darauf, dass die Silage oder Heulage keine Reste von Pyridincarbonsäuren enthalten (s. S. 41).

PFLANZENKOHLE ist eigentlich nur Holzkohle wie man sie auch zum Grillen nimmt. Pflanzenkohle verbessert wie Kompost und Naturdünger die Erde, gibt ihr Struktur und Volumen. Anders als anderes erdverbesserndes Material zersetzt sich Pflanzenkohle nicht nach ein paar Jahren, es heißt sie bleibt Hunderte Jahre erhalten. Pflanzenkohle gibt daher eine dauerhafte Struktur und durch ihre Poren hält sie die Feuchtigkeit perfekt. Man kann spezielle Pflanzenkohle kaufen, aber man kann genauso gut normale Grillkohle nehmen. Die Kohle muss vor dem

→ Unser Dünger aus Unkraut besteht aus vielen verschiedenen Pflanzen.

Wenn das Osterfeuer ausbrennt, bedecken wir die Glut mit Erde. Über Nacht entsteht so Kohle. Am nächsten Morgen löschen wir die Glut mit Wasser.

Einarbeiten mit einem Flüssigdünger begossen werden, sonst saugt sie alles auf, was da ist. Als wir in der Stadt neue Holzrahmenbeete angelegt haben, haben wir eigene Erde aus unterschiedlichen Materialien gemischt, die Pflanzenkohle ist dabei ein sehr wichtiger Teil. Wir haben auch unseren Freilandbeeten und Holzrahmenbeeten mit Pflanzenerde Pflanzenkohle zugefügt, allerdings konnten wir keinerlei Verbesserung durch Pflanzenkohle in Töpfen feststellen.

Wir kaufen Pflanzenkohle und stellen selbst welche her. Es gibt verschiedene Herstellungswege, und eigene Pflanzenkohle ist fast gratis. Man verbrennt Holz, Tannenzapfen, Äste und/oder Zweige in einem geschlossenen Behälter, z. B. einem Blecheimer, in den man viele Löcher gebohrt hat. Wenn man den Deckel aufgelegt hat, stellt man alles ins offene Feuer, z. B. in einen offenen Kamin. Nach einer Weile schlagen blaue Flammen aus den Löchern, dann hat der Prozess der

Pyrolyse begonnen, Gas brennt und das Holz wird zu Kohle. Wenn sich der Eimer leicht anfühlt, ist die Kohle fertig und muss mit Wasser gelöscht werden.

Am einfachsten macht man Pflanzenkohle, wenn man draußen ein großes Lagerfeuer ausbrennen lässt und die Glut dann mit Erde bedeckt. Nach ungefähr einer Nacht entfernt man die Erde und löscht die Glut mit Wasser. Fertig ist die Kohle!

Achtung: Kohle und Asche ist nicht dasselbe. Kohle ist Holz, das durch Pyrolyse zu Kohle wurde, während Asche der Rest einer vollständigen Verbrennung ist. Asche aus einem Holzofen kann auch gut für den Garten sein, weil sie viel Kalium und Mineralien enthält. Für den Gemüseanbau empfehlen wir 100 ml pro Quadratmeter und Jahr, Stauden, Bäumen und Büschen kann man deutlich mehr geben.

FLÜSSIGDÜNGER

Nährstoffe in flüssiger Form verteilen sich schnell und erreichen sofort die Wurzeln. Flüssigdünger kann entweder die Hauptnährstoffquelle sein oder den festen Dünger ergänzen. Es gilt die Regel, dass die Erde nicht trocken sein darf, wenn man mit Dünger gießt, sondern schon feucht sein muss.

DÜNGERWASSER AUS NATURDÜNGER. Für Hühnerdungwasser mischen wir 50–100 ml pelletierten Hühnerdung mit 10 l Wasser und lassen alles 1–2 Tage stehen. Für konzentriertes Hühnerdungwasser nimmt man ca. 1 l pelletierten Hühnerdung auf 10 l Wasser und verdünnt es vor dem Gießen mit 7–10 Teilen Wasser.

Auch der Dung von Pferd, Kuh oder Schaf kann genutzt werden. Geben Sie ein paar Kuhfladen oder Pferdeäpfel, ein paar volle Spaten von einem Misthaufen oder ein paar Handvoll aus einem Sack Kuhdung in einen Eimer, füllen mit Wasser auf und lassen es ein paar Tage

stehen. Vor dem Gießen eventuell filtern und mit Wasser verdünnen, sodass es wie ein schwacher Tee aussieht. Achten Sie darauf, dass er keine Pyridincarbonsäuren enthält (s. S. 41).

NESSELWASSER. Pflanzen lieben Nesselwasser, aber Nachbarn und empfindliche Familienmitglieder finden den Geruch aus der Tonne schrecklich. Ein Tipp ist daher, das Düngerwasser an einer abgelegenen Stelle herzustellen und in einer dicht besiedelten Gegend am besten gar nicht oder aber in der Nähe eines ungeliebten Nachbarn ;-). Damit sich alle wohlfühlen, gießt man am besten abends mit dem Nesselwasser – auf die Erde, nicht auf die Pflanzen.

Füllen Sie einen großen Eimer oder eine Tonne mit Brennnesseln, gern auch Ackerschachtelkraut, und gießen Sie dann Wasser dazu. Die Pflanzen steigen an die Oberfläche, daher beschweren wir sie mit einem Stein oder Ziegel. Deckel drauf und die Mischung 5–10 Tage oder länger stehen lassen, ab und zu umrühren. Der Dünger wird umso stärker je länger er steht. Sieben Sie dann die Pflanzenteile vor der Anwendung aus und geben Sie 1 Teil Düngerwasser auf 8 Teile Wasser.

GERUCHLOS

Mischt man 10–30 l konzentriertes Nesselwasser oder Urin mit ca. 100 ml flüssiger EM-Bakterienkultur (eigentlich für den Bokashikompost) und ca. 100 ml Zuckerrohrmelasse, erhält man fast geruchloses Düngerwasser.

GOLDWASSER. Wenn es für Sie eklig klingt, mit Urin zu düngen, dann sollten Sie umdenken! Menschlicher Urin ist vereinfacht gesagt Wasser und Restprodukte der Nieren nach der Blutreinigung. Man hat den Nährstoffgehalt des Urins gemessen und festgestellt, dass er sich perfekt als Dünger für Pflanzen eignet. Untersuchungen haben auch gezeigt, dass sich die meisten Medikamentenreste, außer Zellgifte, im Urin nicht auf

← Mulchvlies kann beim Nesselwasser als Filter benutzt werden.

An einer geschützten Stelle kann man eine Goldwassertoilette einrichten. Große wie Kleine sind froh darüber, denn sie müssen Arbeit oder Spiel nicht unterbrechen.

die Pflanzen auswirken. Ob Urin frei von Pyridincarbonsäurenresten (s. S. 41) ist, ist schwer zu sagen. Nach mehreren Jahren der Anwendung haben wir keinerlei Zeichen von Schäden durch Pyridincarbonsäuren entdeckt.

Mischen Sie frischen Urin mit 8–10 Teilen Wasser und gießen Sie laufend während der Saison. Urin, der ein paar Tage steht, stinkt stark. Für seinen Nutzen ist das egal, aber es kann unangenehm sein. Wenn man Urin in Kanistern sammelt, verschwindet der stärkste Geruch nach ein paar Wochen. Achten Sie darauf, nur die Erde und nicht die Pflanzen zu gießen. Essbares sollte nicht kurz vor der Ernte damit gegossen werden.

KOMMERZIELLE NÄHRLÖSUNGEN. Wenn man organische Bioprodukte verwenden, ist es wichtig, sicherzustellen, dass sie keine Pyridincarbonsäuren enthalten (s. unten). Im Augenblick ist es am sichersten, einen flüssigen Biodünger zu wählen. Viele, auch wir, gießen jedes Mal mit einer schwachen Lösung von 2–4 Maß auf 10 l Wasser. Wir nutzen sie bei manchen Pflanzen schon direkt nach dem ersten Umpflanzen und durchgehend bei Tomate, Gurke und Paprika in großen Töpfen und zwar mit unglaublich tollem Ergebnis.

KONZENTRATION

Man kann Flüssigdünger entweder mit viel Wasser stark verdünnen und dann praktisch bei jedem Gießen benutzen oder die Lösung etwas stärker machen und nur ab und an damit gießen. Egal ob gekaufter, selbst gemachter oder urinbasierter Dünger, er wird erst nach dem normalen Gießen eingesetzt. Das ist bei höherer Konzentration besonders wichtig.

PYRIDINCARBONSÄUREN VERMEIDEN!

Sollte es Ihrem Gemüse schlecht gehen, viele Samen nicht keimen, Pflanzen wenig Ernte produzieren, missgebildet wachsen oder gar sterben, und Sie können Schädlinge, Nährstoffmangel, falsche Behandlung und Krankheiten ausschließen, kann es sein, dass Reste von Pflanzenschutzmitteln daran schuld sind.

2020 entdeckte man, dass in mehreren Bio-Flüssigdüngern, die sogenannte Vinasse enthalten, auch Reste eines Unkrautbekämpfungsmittels sind, das in der konventionellen Landwirtschaft gegen Unkraut eingesetzt wird.

Verschiedene Flüssigdünger und auch feste Dünger, manchmal sogar Pflanzenerde, egal ob bio oder nicht, können Vinasse enthalten. Die wirksamen Substanzen heißen Chlopyralid, Aminopyralid oder

Picloram und gehören zur Gruppe der Pyridincarbonsäuren. Pyridincarbonsäuren werden vor allem bei der Getreide- und Zuckerrübenproduktion eingesetzt – es ist noch unklar, ob auch bei anderen Feldfrüchten.

Zweikeimblättrige, also Pflanzen, die zwei Keimblätter treiben, z. B. Tomate, Erbse, Kartoffel und Bohnen, reagieren auf diese Stoffe sehr empfindlich, sodass auch kleine, kaum messbare Konzentrationen sie schädigen können.

Pyridincarbonsäuren sind stabil und werden nicht so schnell von Wind und Wetter, Lagerung oder auch in Tiermägen abgebaut. Das bedeutet, dass Getreide, mit dem Tiere gefüttert werden, sowie Kleie und Streumaterial, das schon mehrere Jahre alt ist, immer noch Reste des Gifts enthalten können. Und auch, wenn Stroh und Dünger lange Zeit auf dem Misthaufen waren, können Giftreste den Pflanzen immer noch schaden.

WAS SIE TUN KÖNNEN

Vor dem Kauf von Erde oder Dünger oder auch Stroh oder Tierfutter sollten Sie sicherstellen, dass derjenige, der die Produkte produziert, verkauft oder abgibt, garantieren kann, dass sie komplett frei von Pyridincarbonsäuren sind. Fragen Sie bei den Erd- und Düngerherstellern nach, ob sie laufende Analysen machen oder am allerbesten vor dem Verkauf Testpflanzen mit den Produkten anbauen. Wenn Sie keine Garantie erhalten, nutzen Sie einen anderen Dünger, z. B. frischen Grasschnitt, Unkrautsilage oder verschiedene Düngerwassersorten. Sie können sogar Kunstdünger verwenden.

Es kann sein, dass dasselbe Produkt je nach Produktionszeitpunkt frei von Pyridincarbonsäuren ist oder auch nicht. Möglicherweise enthält gerade der Sack, den Sie kaufen, Giftreste. Es ist ein bisschen wie ein Lotteriespiel.

GUT ZU WISSEN

Leider ist die Bezeichnung „bio“ bei Erde und Dünger nicht geschützt, sodass die Komponenten auch aus konventioneller Produktion stammen können.

ANALYSETIPPS

Als Test, ob die Erde oder der Dünger frei von Pyridincarbonsäuren ist, kann man Erbsen anbauen. Geht es den Erbsen schlecht, dann ist höchstwahrscheinlich etwas nicht in Ordnung. Reklamieren Sie das Produkt im Laden oder beim Produzenten, einige Unternehmen haben Gärtnern sogar die ausgefallene Ernte ersetzt.

SO DÜNGEN WIR

Bei der Aussaat oder dem Auspflanzen geben wir eigentlich immer festen Dünger dazu. Wir arbeiten den Dünger ungefähr zehn Zentimeter tief in die oberste Erdschicht der Freiland- und Holzrahmenbeete ein. In Töpfe, Kästen und Gefäße tun wir ihn kurz bevor wir säen oder Pflanzen setzen. Die meisten Pflanzen gießen wir während der Saison immer mal wieder mit Düngerwasser. Wir geben auch stetig Komposterde in unsere Freiland- und Holzrahmenbeete. Kompost gibt der Erde eine gute Struktur und viele Mikroorganismen. Je nachdem, was man kompostiert hat, bietet der Kompost auch Nährstoffe und kann wie ein schwacher Dünger wirken. Essensreste im Kompost erhöhen den Nährstoffgehalt.

Vor dem Skandal um Pyridincarbonsäuren haben wir als festen Dünger Bio-Gemüsedünger im Sack mit einem NPK-Wert von 6-3-12 benutzt oder auch pelletierten Hühnerdung mit einem Wert von 4-1-2. Diese Dünger waren die beiden Hauptnährstoffquellen in unseren Töpfen, Kästen, Freiland- und Holzrahmenbeeten. In Töpfen und Kästen mit 20–60 l Größe gaben wir 125–500 g, oft eine 50/50 Mischung, manchmal etwas mehr Gemüsedünger. Doppelte Holzrahmenbeete mit 400 l Fassungsvermögen düngten wir mit mindestens 1 l Gemüsedünger und mindestens 1 l pelletiertem Hühnerdung bei der Saat oder dem Auspflanzen. In manchen Jahren bekamen wir vom Nachbarn unseres Waldgartens eine Ladung Pferde- oder Kuhdung und hatten einen eigenen kleinen Misthaufen.

Gerade jetzt, während wir dieses Buch schreiben, experimentieren wir damit, eigenen Unkrautdünger, Goldwasser, Bokashi sowie Kunstdünger herzustellen. Der Kunstdünger ist eine neue Erfahrung für uns, etwas, von dem wir nie gedacht hätten, dass wir ihn einmal einsetzen würden, aber wir finden, dass wir angesichts des Giftskandals um die Pyridincarbonsäuren lernfähiger werden müssen.

→ Wenn man ordentlich düngt, ist es durchaus möglich, in einem doppelten Holzrahmenbeet mit fünf Pflanzen 10 Kilo Kopfkohl zu ernten, plus etwas Salat und ein paar Blumensträuße.

Hübsch oder praktisch?

Als wir mit dem Gärtnern anfingen, wussten wir nicht, welche Geräte wir wirklich brauchen und welche unnötig sind, denn es gibt da so einige, die praktisch erscheinen, aber eigentlich nicht nötig sind. Wir wollen es einfach und effektiv, daher ging es beim Material und auch der Nutzung darum, am schnellsten zu sein. Außerdem ist es wichtig, dass die Geräte nicht viel Platz brauchen, da wir, wie so viele Gärtner, immer wieder alles Maß verlieren und zu viele Pflanzen ziehen. Töpfe, die es aushalten, dass man auf sie steigt und Tische, die sich in weniger als zwei Minuten auf- und abbauen lassen, lieben wir.

Für uns war der praktische Aspekt wichtiger als der ästhetische. Das kann ein Problem sein, wenn man den Garten fotografiert, hier ein Tipp: kurze Schärfentiefe und Porträtmodus auf dem Handy, dann wird das Chaos rundherum unscharf und nur das, was Sie zeigen wollen, scharf. Damit spart man sich viel Aufräumen.

Meine Lieblingsgefäße für die Aussaat sind kleine Plastikschalen aus dem Supermarkt, in denen Trauben oder Kirschtomaten verkauft werden. Die sind biegsam und haben weiche Kanten, sodass man die Pflanzen einfach herausheben kann. In die Plastikschalen passen ziemlich viele Samen, und durch die rechteckige Form kann man sie im Gewächshaus massenweise nebeneinanderstellen.

Anzuchtplatten benutzen wir auch, aber meistens ist es uns zu zeitaufwendig, jedes einzelne Gefäß mit Erde zu füllen und zu fummelig, die Pflänzchen später herauszunehmen. Und sie brauchen viel Platz. Außerdem passt viel mehr Erde in die Plastikschalen als in die Anzuchtplatten, sodass sie nicht so schnell austrocknet, was ein großer Vorteil ist. Das Risiko des Vertrocknens ist viel geringer, was vor allem für den faulen Gärtner, der das Gießen vergisst, wichtig ist.

← In manchen Gewächshäusern stehen Sitzgruppen, wir haben kaum genug Platz zum Umpflanzen.

Auch 6–10 cm große Plastiktöpfe benutzen wir für die Aussaat, aber auch hier ziehen wir die eckigen und damit platzeffizienteren vor. Fürs Umpflanzen nehmen wir etwas größere Töpfe, 7–10 cm. Egal, welches Pflanzgefäß man nimmt, es muss Löcher im Boden haben, damit überschüssiges Wasser abfließen kann und die Wurzeln mit Sauerstoff versorgt werden.

Die Gefäße muss man auch in etwas hineinstellen. Da könnte man Plastikkisten recyclen, aber weil wir so viele Pflanzen ziehen, benutzen wir immer verschiedene Formen von Anzuchtkisten oder -schalen. Es gibt sie in verschiedenen Ausführungen, wir haben ziemlich große, in die zuerst viele Samen passen und danach viele umgepflanzte Pflänzchen. Der große Vorteil von Anzuchtkisten ist, dass man ziemlich viel gießen kann, bis zu 10 Liter, sodass alle Pflanzen auf einmal versorgt sind. Schafft man sich zusätzlich noch sogenannte Kapillarmatten an, die man für das jeweilige Gefäß zuschneidet und dann auf den Boden legt, leiten die das Wasser zu den Samen.

Zwei Dinge, auf die wir großen Wert legen, sind Pflanzenetiketten und gute Stifte. Die Aussaat zu beschriften ist wichtig, denn man kann unmöglich alles im Kopf behalten. Obwohl wir Namen, Höhe, Farbe und Zeitpunkt der Aussaat oder des Umpflanzens notieren, geschehen trotzdem manchmal Fehler, aber meistens ist es eine große Hilfe, nicht zuletzt, weil man mit einem Blick sieht, was man im letzten Jahr gemacht hat.

Beim Umpflanzen benutzen wir ein Tischmesser oder ein Krebsmesser (die haben oft einen roten Griff, den übersieht man nicht so schnell), um die Pflanzen aus der Erde zu heben. Dünne, gummierte Gartenhandschuhe sind auch nützlich und ein guter Schutz vor trockenen Händen.

Unsere Liste des wirklich Notwendigen: Anzuchtkisten, Obstkistchen aus dem Supermarkt, quadratische Plastiktöpfe, Handschuhe, Pflanzenetiketten, wasserfester Stift und ein Messer.

EPAL
EPAL

Ein Beet bepflanzen

Wenn man ein neues Beet anlegt, muss man vor allem darauf achten, dass es dort liegt, wo es die meisten Sonnenstunden abbekommt und dass die Erde locker und nährstoffreich ist und gut das Wasser halten kann. Je mehr Sonne, umso geschmackvoller und umso größer die Ernte, und in lockerer, nährstoffreicher Erde fühlen sich die Pflanzen wohl und wachsen gut.

Man kann jederzeit eine neue Anpflanzung anlegen, aber meist geschieht es im Frühling, wenn die Gartenlust am größten ist. In Töpfen und kleineren Gefäßen von 10 bis 100 l benutzt man am einfachsten Anzucht- oder Komposterde und füllt beim Einpflanzen nach. Bei größeren Anpflanzungen sind mehrere Komponenten für eine lang haltbare Erde nötig. Eine gute Idee ist es, ein Beet im Herbst vorzubereiten. Dann gibt es viel organisches Material, und man kann verschwenderisch damit umgehen und einen Komposthaufen anlegen, in dem bis zum Saisonstart quirliges Leben herrscht. Wenn der Frühling dann gekommen ist, muss man nur noch Dünger einarbeiten, Erde nachfüllen, falls die zusammengesunken ist und dann pflanzen.

HOLZRAHMENBEETE und Ähnliches sind gut, wenn man schnell loslegen will oder einen harten Boden hat. Entweder kauft man die Rahmen oder man schreinert sie selbst. Auf den Boden legen wir Wellpappe oder Zeitungen, damit nicht Gras und Unkraut den Rahmen füllen. Dann geben wir Erde und das, was wir haben, hinein, z. B. Anzuchterde, Pflanzenkohle, Kompost, Rindenhumus und einen Haufen altes Herbstlaub und Fallobst. Vor der Aussaat düngen wir ordentlich mit einem garantiert giftfreien Dünger. Wir finden doppelte Holzrahmenbeete optimal. In die passen 400 l und das Erdvolumen passt für die meisten Pflanzen

← Wenn man keine Grundbeete im Gewächshaus hat, sind Holzrahmenbeete auf Paletten eine gute Alternative.

von Möhren über Tomaten bis zu Kürbis und Mais. Wenn man möchte, kann man sie auf Palletten stellen, z. B. wenn sie in Dachgärten auf Asphalt oder Kies stehen. Ein großer Vorteil von Holzrahmenbeeten auf Paletten ist, dass man sie verschieben kann, wenn man möchte. Vor jeder Bepflanzung wird gedüngt und es werden Nährstoffe hinzugefügt.

FREILANDBEETE bedeuten Anbau auf Bodenniveau, die Erde muss bis in 30–50 cm Tiefe locker sein, besonders, wenn man Wurzelgemüse anbaut. Wenn man Glück hat und gute Erde, dann sollte man so anbauen, finden wir. Aber auch, wenn die Erde nicht optimal ist, sind Freilandbeete großartig. Ist der Boden hart, lehmig oder steinig, kann man einen Bagger mit Fahrer mieten, der dann die Erde auflockert oder eine Grube gräbt, die mit frischer Erde aufgefüllt wird. Oder man bedient sich einer Erdfräse oder einer starken Person. Gute Pflanzenerde, gern mit viel Lehm und Sand, kann man lose kaufen. Mischen Sie jedes Jahr viel Kompost und organisches Material unter die Erde, und düngen Sie vor jeder Aussaat und Pflanzung.

Es ist clever, vor dem Anpflanzen die Grasnarbe zu entfernen und auf den Kompost zu werfen, damit das Gras nicht weiterwächst. Im ersten Jahr danach sollte man an dieser Stelle keine Kartoffeln anbauen, weil die Käferlarven, denen die Graswurzeln fehlen, sich oft auf die Knollen stürzen.

ERHÖHTE BEETE sind eine Art Hybrid aus Holzrahmen- und Freilandbeeten. Man pflanzt fast auf Bodenniveau, die Beete werden darauf aufgebaut, oft ohne weiteren Rahmen. Man kann Wellpappe oder Zeitungen auf den Boden legen und dann Erde, Komposterde, altes Laub, Pflanzenreste, Naturdünger und Pflanzenkohle daraufgeben und schon kann man pflanzen.

Mulchbeete

Eine gute Möglichkeit, den Humusgehalt in der Erde zu erhöhen, ist das Mulchbeet. Damit ist gemeint, dass man während der Pflanzsaison die Erdoberfläche rund um die Pflanzen mit organischem Material abdeckt. Die Mikroorganismen in der Erde beginnen dann sofort mit dem Abbau und erschaffen mit der Zeit eine humusreiche Erde. Wenn man kontinuierlich organisches Material nachfüllt, hält man die Mikroorganismen beschäftigt. Was soll man dafür nehmen? Eigentlich egal, alles passt und man nimmt das, was man eben hat, z. B. Herbstlaub, Pflanzenabfälle (am besten ohne Samen), Silage/Heulage (giftfrei) oder Grasschnitt. Man kann die Materialien auch mischen.

Mulchen bietet mehrere Vorteile: Mit der Zeit verbessert sich nicht nur die Erdstruktur, sondern auch der Nährstoffgehalt erhöht sich. Wenn Würmer alte Pflanzenreste verdauen, werden sie nährstoffreicher. Nutzt man Grasschnitt, erhöht sich der Nährstoffgehalt am meisten, weil Grasschnitt genau die Nährstoffe enthält, die die Pflanzen mögen. Bei frischem Grasschnitt wird auch noch viel Kohlendioxid freigesetzt, was die Pflanzen sofort aufnehmen und sie so kräftig werden lässt.

Durch die Mulchschicht bleibt die Erde länger feucht. Das liegt daran, dass humusreiche Erde das Wasser besser halten kann und weniger Wasser auf der versiegelten Oberfläche verdunstet. Andererseits kann das Wasser auch schwerer durch die Mulchdecke dringen, daher ist es schlau, die Erde beim Gießen oder bei Regen an manchen Stellen freizulegen und die Mulchschicht danach wieder zu schließen. Sogar Unkraut hat es schwer, durch die dicke Schicht zu dringen, sodass man sich viel Jäten spart. Ein paar einzelne Vogelmierestängel können sich durchdrücken, aber die kann man leicht herausziehen.

Manche vertreten die Meinung, dass die Erdtemperatur unter einer Mulchschicht gleichmäßiger ist, wovon die Pflanzen profitieren. Das wissen wir nicht, aber es klingt gut. Im Frühling kann so eine Schicht jedoch auch dazu führen, dass der Boden länger gefroren bleibt, dann muss man sie eventuell entfernen, damit sich die Erde aufwärmt. Wenn die vor Ort gesäten Pflanzen wachsen oder man welche aussetzt, kann man das Mulchmaterial danach vorsichtig wieder verteilen.

Vorgezogene Pflanzen kann man direkt beim Aussetzen mulchen, dadurch wird das Unkraut von Anfang an unterdrückt.

Ein Mulchbeet anlegen

1. Überlegen Sie, welches Mulchmaterial es sein soll. Können Sie oder ein Nachbar Rasenschnitt sammeln? Können Sie im Herbst Laub anhäufen? Haben Sie Zugang zu giftfreier Silage/Heulage oder haben Sie eine eigene aus Unkraut angelegt?
2. Im Winter, Frühling oder Sommer direkt aussäen oder vorziehen. Wenn die Pflanzen 5 cm hoch sind, jätet man das Beet. Vorgezogene Pflanzen setzt man dann.
3. Ordentlich gießen, also 20–40 l pro Quadratmeter.
4. Vorsichtig eine ziemlich dicke und kompakte Schicht organisches Material ausbringen. Die Pflanzen dürfen nicht bedeckt werden, aber das Material kann sehr nah um die Stängel gelegt werden.
5. Wenn die Schicht etwas eingesunken und die Pflanzen etwas gewachsen sind, kann man mehr auflegen. Je dicker die Schicht, umso besser, unter der Voraussetzung, dass die gesamte Pflanze Sonne abbekommt.
6. Ein Mulchbeet muss man seltener gießen. Es ist sinnvoll, beim Gießen Löcher in die Schicht zu stechen, damit das Wasser in die Erde und zu den Pflanzen durchdringt.
7. Vor dem Winter kompostiert man das, was von der Mulchdecke übrig ist. Macht man das nicht, kann es im Frühling sehr lange dauern, bis die Erde auftaut. Alternativ kehrt man es weg.

2

Stauden im Winter aussäen

JANUAR – FEBRUAR

So wie unser Gartenjahr mit der Staudenaussaat beginnt, fing unser ganzes Gartenabenteuer einmal mit Stauden an. Das war in dem verfallenen und überwucherten Waldgarten, in dem unser Garteninteresse geweckt wurde, lange vor Instagram, Blogs und dem Internet. Unser Ziel war, dass der Garten wieder so grün und blühend wird, wie er es war, als Johannes' Mama sich noch um ihn kümmerte. Obwohl er fünfzehn Jahre lang sich selbst überlassen war, gab es immer noch Blumen, die überlebt hatten und blühten. Von solchen Pflanzen wollte der junge Johannes mehr haben, schienen sie doch robust und pflegeleicht. Mithilfe alter Fotos und ein paar Erinnerungen begann er, die Blumenpracht wieder zu erschaffen.

Nachdem viel gesäubert und aufgeräumt worden war, tauchten langsam die Beetbegrenzungen wieder auf, und es wurde möglich, Angepflanztes von Unkraut und Wildkräutern zu unterscheiden. Die Lücken zwischen den alten Pflanzen mussten gefüllt werden und dadurch nahm unsere Gartenarbeit so richtig Fahrt auf. Neue Gartenfreunde schenkten uns Ableger, oft mit einer kurzen, mündlichen Beschreibung, wo die sich am wohlsten fühlten. Andere Pflanzen kamen durch Selbstaussaat oder Johannes' Versuche, Pflanzen auszusäen,

dazu. Verschiedene inspirierende Samenkataloge führten zu großen Träumen von einer Oase mitten im Wald, aber wie um Himmels willen konnte man all diese Schönheiten heranziehen und pflegen? Dank dem Verein Trädgårdsamatörerna (Gartenamateure) und dem eifrigen Durcharbeiten ihrer sehr informativen, vierteljährlichen Mitgliederzeitschrift erweiterte sich unser Wissen.

Bei einer Radtour im Frühling fiel Johannes plötzlich in einem Garten ein Meer kugelförmiger Blüten auf, so schön wie keine anderen. Manche waren weiß, andere dunkellila und wieder andere fast hellblau. Es stellte sich heraus, dass es eine Primelart war mit dem lateinischen Name Primula denticulata, eine Kugel-Primel. Natürlich sollte auch der Waldgarten ein solches Primelmeer bekommen! Durch die Primeln betrat Johannes das Reich der Kaltkeimer, denn die Kugel-Primel muss ihr Leben bereits im Winter beginnen.

Nach und nach lernte er mehr über unterschiedliche Pflanzen: Die im Winter ruhen und dann wieder neue Blätter und Stiele treiben, heißen Stauden, und die, die ein bisschen Rinde bekommen und sozusagen überirdisch überleben, heißen Gehölze. Andere Beetblumen können zweijährig (bienne oder winterannuell) oder auch einjährig (sommerannuell) sein. Alle vier Varianten wollte er gern aus Samen ziehen, sodass die Saatgutbestellung ziemlich lang wurde. Zunächst lag der Schwerpunkt auf den Stauden, weil sie ja eine weitsichtige Investition in den Garten sind. Im Dezemberheft der *Trädgårdsamatörerna* gab es eine Samenliste, von der Mitglieder 20 Tütchen bestellen konnten. *Trädgårdsamatörerna* hatte auch ein umfassendes Heft zur Pflege und Vermehrung von Primeln. Das Heft landete zwischen den Jahren im Briefkasten und war eine große Hilfe.

Primelsamen muss man im Winter säen, sozusagen für eine Kältebehandlung sorgen, der sogenannten Stratifikation. Man setzt die Samen abwechselnd Minus- und Plusgraden aus, damit sie keimen.

← Der Waldgarten ist unsere biologische Keimzelle.

In einem Jahr versuchten wir, alle Stauden schon im Herbst zu säen, statt im Januar. Das funktionierte so lala, denn die Samen des blauen Scheinmohns keimten schon vor Weihnachten und die Pflänzchen erfroren im Januar.

Im Januar 1995 landeten die ersten Anzuchtkisten im Kaltgewächshaus und schon im nächsten Jahr klappte es wunderbar, eine Menge kleiner Pflanzen reckte im März, April ihre Köpfe. Im Jahr danach wurden dann andere Stauden genauso ausgesät. Manche Samen brauchen eine Stratifikation, aber nicht alle. Doch da viele Pflanzen sich selbst aussäen, weil sie nach der Blüte ihre Samen verteilen, scheinen also noch viel mehr Samen den Winter draußen zu überdauern.

Über die Jahre haben wir dann viele Samen zur Probe im Winter ausgesät. Und ganz richtig, praktisch alle Samen, die wir getestet haben, haben im Frühling gekeimt, nachdem sie bei Minusgraden in der Erde gelegen haben.

Da sie sich schon in ihren Pflanzkisten und Töpfen befanden als es Winter wurde, konnten sie selbst entscheiden, wann es im Frühling günstig war, sich zu zeigen.

→ Die Kugel-Primel blüht früh, der Aprilschnee ist ihr egal.

Geburt – die Aussaat

Wenn man einen Staudengarten anlegt, dann meistens, indem man fertige Pflanzen kauft und an den gewünschten Platz setzt. Dann tragen sie dort hoffentlich viele Jahre zur Schönheit des Gartens bei. Wir finden, es macht mehr Spaß, die Pflanzen selbst heranzuziehen, und billiger ist es auch noch. Und selbst in den bestsortierten Gärtnereien findet man nicht mal einen Bruchteil der Stauden, die man im Samenhandel oder bei Vereinen finden kann. Durch eigene Aussaat erhält man also ganz andere Sorten, Farben und Formen. Außerdem macht es einen richtig stolz, dass die Pflanzen, die man selbst aufgezogen hat, noch viele Jahre ihre Blütenpracht zeigen. So wie die Pflanzen, die Solveig gepflanzt hat, noch heute, 50 Jahre später, leben, werden unsere vielleicht auch in den Sommerferien unserer Enkel blühen.

Januar ist eine gute Zeit, um Stauden zu säen. Anders als z. B. Gemüse, Kräuter und Sommerblumen keimen und wachsen Stauden normalerweise langsam und müssen lange in ihren Anzuchtkisten bleiben.

← Im Herbst sammeln wir eigene Primelsamen, die wir dann im Januar aussäen.

Daher ist es eine gute Idee, die besten Voraussetzungen zu schaffen, damit sie sich dort, an ihrem ersten Wohnort, wohlfühlen. Für die Aussaat nutzen wir Anzuchterde, oft mit etwas Sand gemischt, der die Erde luftig und locker hält und verhindert, dass Algen die Oberfläche schleimig machen. Das Risiko der Algenbildung, die das Pflanzenwachstum hemmen kann, ist nämlich ziemlich hoch, wenn Pflanzen mehrere Monate in derselben Erde stehen.

Wenn die Anzuchtkisten mit Erde gefüllt sind, sollte man überlegen, wie die Pflanzen zukünftig stehen sollen, einzeln oder in Gruppen. Akelei, blauer Scheinmohn und verschiedene Primeln sollten als einzelne Pflanzen aufwachsen, daher ist es am einfachsten, die Samen gleichmäßig über der Erde auszustreuen. Pflanzen wie roter Sonnenhut, blaue Kugeldistel und Windröschen sind am hübschesten, wenn sie in Gruppen oder als Tuff wachsen, deren Samen säen wir also in kleinen Gruppen von 5–25, je nach Sorte, Lust und Geschmack. Dann sieben wir etwas Sand über die Samen, damit die oberste Lage aus reinem Sand besteht. Man kann auch ein bisschen Anzuchterde darüberstreuen, wenn man keinen Sand hat. Schließlich stellen wir die Saattöpfe in eine Anzuchtkiste und füllen den Boden mit Wasser oder legen Schnee obenauf. Dann kommt die Kiste ins Kaltgewächshaus und wartet dort auf die Wärme.

STRATIFIKATION IM KÜHLSCHRANK

Wenn Ihnen im Frühling einfällt, dass Sie eine Pflanze aussäen möchten, die zum Keimen Temperaturwechsel braucht, können Sie die nasse Aussaat in eine Plastiktüte tun und sie dann wie ein Jo-Jo ungefähr 10 Tage lang abwechselnd in den Kühlschrank und auf die Arbeitsbank stellen. Lassen Sie sie nachts im Kühlschrank und tagsüber bei Zimmertemperatur in der Küche. Stellen Sie die Aussaat dann an einen geschützten Ort in den Garten oder ins Gewächshaus.

Säen

WANN: Wir säen im Januar, aber Anfang Dezember oder Ende April geht auch. Wenn man später als März sät, muss man wahrscheinlich im Kühlschrank für eine Stratifikation sorgen (s. Kasten links). Lesen Sie nach, welche Bedürfnisse Ihre Stauden haben.

MAN BRAUCHT:

- ➔ Anzuchterde und eventuell Sand
- ➔ Töpfe oder Pflanzschalen mit Loch im Boden
- ➔ Samen
- ➔ Pflanzenetiketten und Stift
- ➔ Anzuchtkisten mit hohen Kanten
- ➔ Wasser oder Schnee

SO GEHT'S:

1. Die Anzuchterde mit ungefähr einem Drittel Sand mischen und die Aussaattöpfe bis 0,5–1 cm vom Rand füllen.
2. Die Samen auf der Erde verteilen. Wenn Sie einzelne Pflanzen möchten, verstreuen Sie sie gleichmäßig. Wenn es Pflanzentuffs werden sollen, dann säen Sie in Gruppen von 5–25. Abstand zwischen den Gruppen: 2–5 cm.
3. Ein paar Millimeter Anzuchterde daraufgeben oder Sand über die Samen sieben, sodass sie bedeckt sind.
4. Sorte und Datum auf Etiketten schreiben und in die Erde stecken.
5. Die Töpfe in die Anzuchtkiste stellen. Unten in die Kiste Wasser gießen oder die Erde mit 10–20 cm Schnee bedecken. Man kann auch vorsichtig mit einer Gießkanne mit Brausekopf von oben gießen.
6. Stellen Sie die Kiste in ein Kaltgewächshaus, ein Holzrahmenbeet mit Foliengewächshaus, einen ungeheizten Wintergarten, eine belüftete, durchsichtige Plastikkiste draußen oder an einen geschützten Ort in den Garten. Gießen Sie Wasser nach, wenn es aufgebraucht ist.
7. Wenn die Samen gekeimt sind, müssen sie regelmäßig gegossen werden. Am besten gießt man ganz unten in die Kiste, damit die Pflanzen das Wasser von unten aufsaugen können, 1–5 cm reichen. Nachgießen, wenn der Boden fast ganz trocken ist nachgießen.

Unsere besten Stauden für die Winteraussaat

- → Akelei, Aquilegia
- → Akeleiblättrige Wiesenraute, Thalictrum aquilegiifolium
- → Alpen-Waldrebe, Clematis alpina
- → Anis-Duftnessel, Agastache foeniculum
- → Banater Kugeldistel, Echinops bannaticus
- → Bartnelke*, Dianthus barbatus
- → Echte Engelwurz, Angelica archangelica
- → Einjähriges Silberblatt*, Lunaria annua
- → Fingerhut*, Digitalis
- → Flachblatt-Mannstreu, Eryngium planum
- → Funkien, Hosta
- → Glockenblume (unterschiedliche), Campanula-Familie
- → Großblütige Betonie, Betonica macrantha
- → Heilglöckchen, Cortusa matthiolii pekinensis
- → Himalaya-Blaumohn, Meconopsis baileyi
- → Kandelaberehrenpreis, Veronicastrum virginicum
- → Küchenschelle, Pulsatilla
- → Lampionblume, Alkekengi officinarum
- → Minze, Mentha
- → Primeln (unterschiedliche Arten), Primula
- → Punktierte Glockenblume, Campanula punctata
- → Schildblume, Chelone
- → Seifenkraut, Saponaria
- → Sonnenhut, Echinacea
- → Stockrose*, Alcea rosea
- → Türkischer Mohn, Papaver orientale
- → Violette Königskerze, Verbascum phoeniceum

* Normalerweise zweijährig, aber erscheint z. B. durch Selbstaussaat mehrjährig.

← 1. Küchenschelle 2. Rote Schlüsselblume 3. Erdprimel 4. Anis-Duftnessel 5. Weißer Sonnenhut 6. Bartnelke 7. Himalaya-Blaumohn 8. Akelei 9. Fingerhut

Kinderstube – die erste Saison

Stauden wachsen langsam. Vielleicht ist es ähnlich wie bei lang lebenden Tieren. Tendenziell gilt, je länger Tiere leben, umso länger sind sie trächtig und umso länger dauern Kindheit und Jugend. Ähnlich scheint es mit Stauden zu sein.

Nach der Aussaat zu Jahresbeginn kann es bei manchen Pflanzen noch recht lange dauern, bis sie sich zeigen und bis sie im Anzuchtkasten groß geworden sind. In der ersten Saison kann man Stauden als Kinder ansehen. Als Kleine sind sie sehr empfindlich und müssen umsorgt werden.

Wenn die Samen dann im Frühling gekeimt sind, muss die Erde feucht bleiben. Schauen Sie deswegen nach Möglichkeit jeden oder jeden zweiten Tag nach den Samen. Am besten füllt man den Boden der Kiste mit ein paar Zentimetern Wasser. Wenn das ganz aufgesaugt wurde, gießt man genauso viel nach. Es ist wichtig, dass der Boden zwischen dem Gießen trocknet, damit die Samen nicht faulen und Wurzeln Luft erhalten. Wenn die Wurzeln längere Zeit im Wasser stehen, können die Pflanzen Schaden erleiden und im schlimmsten Fall sterben. Kleine Pflanzen leiden am meisten, wenn sie längere Zeit im Wasser stehen. Bei einer Überschwemmung und zu viel Wasser kippt man das am besten aus und lässt die Kiste ein oder zwei Tage lüften.

Alle ausgesäten Pflanzen profitieren davon, in nährstoffreiche Anzuchterde umgepflanzt zu werden. Das geschieht, wenn die Pflanzen ein paar Blätter haben und recht stabil wirken, bei uns oft im Mai bis Juni. Wir finden, dass es für Stauden optimal ist, sie zweimal umzu-

← Stauden sind eine Investition für viele Jahre. Am Anfang geht es sicher langsam, aber wenn sie dann mal so weit sind, vergisst man das lange Warten.

pflanzen, aber manchmal kann auch ein drittes Mal nötig sein. Wenn die Wurzeln unten aus dem Loch im Topf herausragen, was bei etwas größeren Pflanzen üblich ist, ist das ein deutliches Zeichen, dass es Zeit fürs Umpflanzen ist.

Wenn das Pflanzenwachstum stockt, ist das ein weiteres Zeichen. Bei jedem Umpflanzen nimmt man einen größeren Topf als bisher oder aber man entfernt so viel Erde wie möglich und setzt die Pflanze/n in denselben Topf, aber mit frischer Erde. Man setzt sie entweder einzeln oder in Gruppen, je nachdem wie sie später wachsen sollen. Mit frischer Anzuchterde erhalten sie mehr Nahrung und Platz, um sich auszustrecken. Manche Pflanzen, wie Primeln, sind zu Beginn winzig klein, dann dauert es eine Weile, bis sie reif zum Umpflanzen sind. Wenn kleine Pflanzen lange stehen bleiben und nicht mehr zu wachsen scheinen, oder wenn die Erde deutlich mit Algen bewachsen ist, dann versucht man am besten trotzdem sie umzupflanzen, auch wenn die Pflänzchen noch sehr klein sind, sonst gehen sie leicht ein. Heben Sie kleine Gruppen mit Pflanzen und Erde an und setzen sie in neue Kisten oder Töpfe mit frischer Anzuchterde. Streuen Sie etwas Erde rundherum und gießen Sie vorsichtig. Das ist eine etwas schwierige Rettungsaktion, aber manchmal die einzige Möglichkeit, den Pflanzen eine Überlebenschance zu geben.

Stellen Sie die Töpfe mit den frisch gesetzten Pflanzen geschützt, gern in einer Anzuchtkiste, draußen in den Halbschatten. Da können sie dann stehen und wachsen, um vielleicht noch einmal umgepflanzt zu werden. Wenn man sie zu früh auspflanzt, riskiert man, dass sie vergessen werden, am Pflanzort dahinwelken, von Schädlingen ruiniert oder anderen Pflanzen verdrängt werden. Ein größeres Wurzelgeflecht ist robuster als ein kleineres, eine größere Pflanze widersteht Angriffen besser als eine kleine. Gießen Sie weiterhin, sodass die Pflanzen feucht gehalten werden, aber nicht die ganze Zeit im Wasser stehen. Wenn Sie

→ Im Mai und Juni bieten wir unseren Pflänzchen einen Platz im Freien. Wenn die Pflanzen hoch stehen, schützt sie das vor Schädlingen.

die Pflanzen noch mehr stärken möchten, können Sie ihnen nach ein paar Wochen beim Gießen einmal wöchentlich einen kleinen Schuss Dünger verpassen.

LANGSAME STAUDEN

Wenn die Stauden dann groß genug sind, um zum ersten Mal umgepflanzt zu werden, hat man wahrscheinlich die Sommerblumen und das Gemüse schon einmal umgepflanzt und sie vielleicht sogar schon im Garten an ihre Plätze gesetzt. Erst wenn die Sommerblumen blühen und das Gemüse in der Hochsaison geerntet werden kann, ist es Zeit, die Stauden ein zweites Mal umzupflanzen. Man kann das Umpflanzen auch ganz oder teilweise umgehen und ein bisschen Zeit gewinnen, indem man die Keimlinge und umgepflanzten Setzlinge immer mit einem niedrig dosierten Dünger gießt.

Umpflanzen

WANN: April – Juni. Je nach Art sind die Pflanzen dann 1–10 cm hoch. Im Juni – August kann ein zweites Mal umgepflanzt werden.

MAN BRAUCHT:

- Töpfe, 7–20 cm
- Anzuchterde
- Pflanzen
- Tischmesser
- Anzuchtkiste mit hohem Rand
- Pflanzenetiketten und Stift
- Wasser
- Flüssigdünger (eventuell)

SO GEHT'S:

1. Den neuen Topf zur Hälfte mit Erde füllen.
2. Mit dem Messer eine Pflanze oder eine Gruppe vorsichtig herausheben. Achten Sie darauf, die Wurzeln möglichst nicht zu beschädigen.
3. In den Topf pflanzen und rundherum mit Erde auffüllen. Versuchen Sie, die Pflanzen ungefähr auf dieselbe Höhe zu setzen wie vorher.
4. Eine Anzuchtkiste mit Wasser füllen und die Töpfe hineinstellen. Wenn Sie sich vollgesogen haben – man merkt es daran, dass sie schwer sind oder die Erdoberfläche dunkler geworden ist – kann man das überschüssige Wasser auskippen.
5. Geben Sie jedem Topf ein Etikett mit Sortennamen und Datum.
6. Stellen Sie die Kiste mit den Töpfen an eine geschützte Stelle im Garten, gern im Halbschatten. Im Sommer kann es in einem Gewächshaus oft sehr heiß werden.
7. Wenn der Kistenboden leer ist, ist es Zeit zu gießen. Wenn das Wasser ganz aufgesogen wurde, füllen Sie erneut auf. Lassen Sie die Erde zwischen dem Gießen trocken werden, sodass die Wurzeln etwas Luft bekommen. Wenn sie längere Zeit im Wasser stehen, kann das den Pflanzen schaden, im schlimmsten Fall sterben sie. Je kleiner die Pflanze, umso empfindlicher.
8. Während der Saison profitieren die Pflanzen von ein wenig Dünger. Flüssigdünger in niedriger Konzentration bei jedem Gießen kann wahre Wunder bewirken.

Jugend – raus ins Beet

Zum Herbst hin, oder auch schon im August, ist es für die Stauden Zeit, zu Hause auszuziehen, aus dem Topf an den ihnen zugedachten Platz im Garten. Jetzt sollte man auf das Aussehen, die Größe und die unterschiedlichen Bedürfnisse der Pflanzen Rücksicht nehmen. Primeln wollen es z. B. feucht, während der Sonnenhut natürlich in die Sonne will. Das bedeutet allerdings nicht, dass jetzt schon alles perfekt sein muss. Man kann Stauden, die an der falschen Stelle gelandet sind, später wieder umsetzen. Wir haben alles vorher gut durchdacht und geplant, und doch sind teilweise seltsame Pflanzungen und Kombinationen entstanden. Niedrige Pflanzen hinter hohen, Farbkombinationen, die nicht zusammenpassen, weil die echte Farbe anders aussah als auf dem Samentütchen, oder extrem hochgeschossene Pflanzen, weil sie zu schattig standen.

Das Wichtigste beim Umzug ist lockere und nährstoffreiche Erde. Das erreicht man, indem man Kompost, organisches Material, Pflanzenkohle hinzufügt und/oder indem man mulcht und Dünger hinzugibt. Wir haben nie wirklich daran gedacht, die Erde so zu verändern, dass sie z. B. Feuchtgebieten oder alpinem Boden gleicht oder unterschiedliche pH-Werte anzustreben oder ganz speziellen Dünger zu nehmen. Wir fanden immer, wenn unsere Pflege nicht reicht, dann passen die Pflanzen eben nicht in unseren Garten. Offensichtlich hat unsere Einstellung die Pflanzen so sehr erschreckt, dass sie sich angestrengt haben, oder aber Pflanzen halten mehr aus als man denkt.

Wenn man für gute Erde gesorgt hat, geht es ans eigentliche Pflanzen. Oft ist es wirkungsvoller, mehrere Pflanzen nah beieinander zu setzen, und zwar in kleinen Gruppen hier und da, anstatt großen Abstand zu halten. Früher oder später breiten sich die überlebenden

← Verschiedene Aurikeln werden zwischen Steine im Waldgarten gepflanzt.

Im Waldgarten finden sich viele Natursteine, die schon in der Eiszeit dort hingekommen sind und mit denen man Beete einfassen kann.

Pflanzen ohnehin in die Breite aus, wenn man jedoch mehrere Pflanzen zusammensetzt, muss man nicht Jahre darauf warten.

Vor dem Setzen löst man die Pflanzen und gräbt Pflanzlöcher, die etwas größer als der jeweilige Topf sind. In die gibt man dann die Pflanzen mit der Topferde, und zwar genauso tief wie im Topf. Bevor wir um jede Pflanze Erde geben, sodass sie ganz umschlossen ist, gießen wir ein paar Liter Wasser ins Pflanzloch. So bekommen die Wurzeln ordentlich Wasser und damit einen guten Start an ihrem neuen Wuchsort. Danach gießen wir noch einmal die gesamte Pflanzung.

Wenn sie, wie wir, ein bisschen vergesslich sind, dann ist es sinnvoll, zu markieren, wo man die neuen Stauden gesetzt hat. Mit dem

→ Die ältesten Funkien hat Johannes' Mutter in den 1960ern gepflanzt

ersten Frost verwelken die meisten Stauden. Jetzt beginnt ihre meist unterirdische Winterruhe, während der sie Kraft für den nächsten Frühling sammeln, um neue Blätter und Stiele bilden zu können. Aber es kann dauern, bis sie wieder ausschlagen, und dann sind Markierungen Gold wert. Manche Pflanzen überleben aus irgendeinem Grund den Winter nicht, bei uns passiert das jedes Jahr, es ist einfach so, und da ist eine Gedächtnisstütze in Form eines Schilds gut.

IM TOPF EINGRABEN

Wenn man noch nicht weiß, wo man die Stauden setzen soll oder man vielleicht ein bisschen faul ist oder keine Zeit hat, sie vor dem Winter auszupflanzen, muss man sie doch gut aufbewahren, sonst können sie gefriergetrocknet und damit geschädigt werden.

Man gräbt die Pflanzen samt Topf und allem in der Erde, einem Beet, einem Frühbeet oder einem Erdhaufen ein. Der Topf sollte mit der Erdoberfläche abschließen.

Im Frühling gräbt man die Töpfe wieder aus. Entweder setzt man die Pflanzen dann ins Freie, oder man stellt die Töpfe zurück in eine Anzuchtkiste irgendwo im Garten. Man kann die Töpfe auch noch eine Weile in der Erde belassen. Manche unserer Pflanzen haben mehrere Jahre in der provisorischen Überwinterung verbracht. Aber eigentlich ist das nicht zu empfehlen, weil die Wurzeln große Kraft besitzen, um sich unten durch das Loch im Topf auszubreiten und sich so praktisch in der Erde festzusaugen. Nach ein paar Jahren kann es dann schwer sein, die Töpfe herauszubekommen, ohne sie kaputt zu machen.

Auspflanzen

WANN: Spätsommer oder Herbst sind eine gute Zeit, um Stauden auszupflanzen, je nachdem, wie klein sie sind. Der August ist ideal. Wenn Sie keine Zeit haben oder sich nicht entscheiden können, wohin Sie sie setzen möchten, dann graben Sie die Töpfe ein (s. gegenüberliegende Seite).

MAN BRAUCHT:

- ➔ Komposterde
- ➔ organisches Material
- ➔ Pflanzenkohle (eventuell)
- ➔ festen Dünger nach Wahl
- ➔ Pflanzen
- ➔ Pflanzenetiketten und Stift
- ➔ Wasser

SO GEHT'S:

1. Die Erde am Pflanzort vorbereiten. Ist sie sandig, muss man ordentlich Komposterde, organisches Material und/oder Pflanzenkohle hinzufügen. Ist die Erde lehmig, reicht oft viel Kompost.
2. Dünger in die Erde einarbeiten. Man kann Dung von Pferden, Kühen oder Hühnern verwenden oder eine Art pelletierten Dünger (achten Sie darauf, dass er keine Pyridincarbonsäuren enthält, s. S. 41).
3. Graben Sie ein Pflanzloch an der passenden Stelle. Es sollte etwas größer als der Topf sein.
4. Nehmen Sie die Pflanze aus dem Topf und stellen Sie sie mitsamt der Erde und allem ins Pflanzloch. Gießen Sie ein paar Liter Wasser an.
5. Nun Erde um die Pflanze anhäufen, sodass sie fest steht.
6. Stecken Sie Pflanzenschilder neben die Setzlinge.
7. Nach dem Einpflanzen ist es gut, mehrere Wochen lang bis zum Spätherbst ein paar Mal wöchentlich zu gießen.

Erwachsen – sich etablieren

Im zweiten Jahr nach dem Umzug ins Beet und nach einem langen Winter kann man die Stauden als erwachsen ansehen. Erst jetzt blühen sie – wenn sie zu den Blütenpflanzen gehören – und zeigen damit ihr wahres Ich. Das ist so spannend! Im zweiten Jahr haben sich die Wurzeln am neuen Platz im Beet oft gut entwickelt, und man kann davon ausgehen, dass die Pflanze blühen wird. Wenn die Blüte ausbleibt, kann es sein, dass sie noch mehr Zeit zum Wachsen braucht oder aber sie hat nicht genug Sonne, Wasser oder Nahrung. Oft liegt es an einer Mischung dieser drei Faktoren. Stauden reicht in der Regel der Regen, aber sollte es nicht regnen oder wirkt die Erde trocken, ist es sinnvoll zu gießen.

Eine der häufigsten Ursachen dafür, dass es nicht klappt und die Pflanzen viel zu klein bleiben, sind fehlende Nährstoffe. Viele Gärtner, mit denen wir Kontakt haben, verzichten ganz aufs Düngen oder geben ihren Pflanzen viel zu wenig. Die einfachste Art, sicherzustellen, dass die Stauden genug Nährstoffe bekommen, ist, in eine Gießkanne zu pinkeln, 7–10-mal so viel Wasser dazuzugeben und dann mit diesem sogenannten Goldwasser mehrmals während der Saison zu gießen.

Wenn es trotz guter Bedingungen nichts wird, dann kann es sein, dass die Pflanze an eine besser geeignete Stelle umziehen muss. Manche haben auch besondere Bedürfnisse, in die man sich einlesen muss. Manchmal muss man zu Saisonbeginn besonders viel gießen oder flacher pflanzen oder zu einem ganz bestimmten Zeitpunkt düngen. Oder aber der Grund sind Schädlinge. Manchmal muss man eine Pflanze ausgraben, um nachzuschauen, ob irgendetwas unter der Erde nicht in Ordnung ist. Stauden brauchen Zeit, haben Sie also Geduld mit ihnen.

← Sowohl der Türkische Mohn als auch die Purpurglöckchen stammen noch aus der Zeit, als Johannes' Mama und Oma den Waldgarten bestellten.

Man kann kleine und mickrige Pflanzen retten, indem man sie ausgräbt und für eine Saison in Töpfe mit frischer Anzuchterde steckt; sie sozusagen in Urlaub schickt, damit sie Kraft tanken und wachsen. Das kann auch eine gute Methode sein, wenn der Sommer beispielsweise sehr trocken ist und es nicht genug Wasser gibt, man aber seine Lieblingspflanzen retten möchte.

VERÄNDERUNG

Es dauert lang, zu lernen, wie und wo sich Pflanzen am wohlsten fühlen oder am schönsten wachsen. Man verändert sich über die Zeit ja selbst und damit auch seine Meinung und seinen Geschmack, das ist nicht ungewöhnlich. Im Grunde ist man mit einem Garten nie fertig, es ist ein Spielplatz, auf dem man sich austoben kann. Egal, wie genau man seine Beete oder sein Leben plant, muss man im Hinterkopf behalten, dass es mit großer Wahrscheinlichkeit doch anders kommt als man dachte und das besonders über einen längeren Zeitraum. Der Garten ist eine wunderbare Metapher für das Leben im Allgemeinen.

In einem Jahr haben wir mehrere Bäume beim Waldgarten gefällt, dort wo unsere Stauden stehen. Es drang jetzt viel Sonne ein, und dadurch erhielt der Garten an verschiedenen Stellen ein völlig anderes Aussehen. Plötzlich wurden manche Pflanzen kompakter und hübscher und andere blühten ausdauernder. In einem anderen Jahr erhielten wir die Genehmigung, einen neuen Brunnen bohren zu dürfen, da der alte, handgegrabene praktisch versiegt war. Danach konnten wir großzügiger gießen und meine Güte, was für ein Unterschied! So üppig war der Garten zuvor noch nie gewesen. Die Pflanzen wurden kräftig wie noch nie, und plötzlich wurde es unter den Stauden ganz eng. Es war eine Überraschung, dass überall Ableger hervorkamen, und wir lauter kleine Pflanzen ausgraben und an anderer Stelle wieder einpflanzen konnten.

NUTZEN SIE DIE GRATISPFLANZEN

Manche Stauden vermehren sich durch Selbstaussaat, andere durch Ableger, bei denen sie sozusagen eine neue Pflanze ausstrecken. Viele Pflanzen machen beides. Neu gesäte wie z. B. Akelei können durch Fremdbestäubung (s. S. 225) andere Farben oder Formen haben, während ein Ableger eine exakte Kopie der Ursprungspflanze ist. Die Pflanzen, die gratis zu Ihnen kommen, sollten Sie nutzen. Entweder, indem Sie sie stehen und wachsen lassen oder indem Sie sie ausgraben und an eine andere Stelle setzen. Dazwischen können Sie sie in einem Topf etwas aufpäppeln. Manchmal werden Pflanzen auch zu groß, dann kann man sie teilen und an eine andere Stelle versetzen.

Ableger von Purpurglöckchen. Die Mutterpflanze stammt noch von Johannes' Oma.

3

Gemüse im Winter aussäen

FEBRUAR – MÄRZ

Die Winter bei uns sind unberechenbar. In manchen Jahren kommt die Kälte früh, aber dann steigt die Temperatur wieder, um zwischen richtig kalt und mehreren Plusgraden zu pendeln. In manchen Jahren lässt der Winter bis Januar auf sich warten, bleibt dann aber bis März. Schneereiche Winter wechseln mit solchen fast ohne Schnee ab. Für Stauden, die abwechselnde Kälte zum Keimen brauchen, ist das super, aber für Gemüse und Kräuter, die im Winter gesät wurden, kann eine plötzliche milde Phase verlockend sein. Die Samen keimen dann und sobald es wieder kalt wird, können die empfindlichsten unter ihnen sterben. Nicht die Kälte ist das Problem – wie man vielleicht denkt – es ist der Wechsel von Wärme und Kälte, der für Pflanzen gefährlich ist. Die Wärme weckt die Samen aus ihrem Winterschlaf und die Kälte tötet sie.

Nachdem die Wintersaat bei verschiedenen Stauden gut geklappt hat, haben wir es mit ein paar Nutzpflanzen im Kaltgewächshaus im Waldgarten auf die gleiche Weise versucht. Zuerst haben wir im März und April Kräuter gesät. Als wir feststellten, dass sie nicht nur keimten, sondern auch gediehen, und zwar dank der milden Temperatur und des starken Lichts unglaublich kräftig und kompakt, haben wir noch mehr gesät.

Wir säten auch immer früher im Jahr – jedes Jahr eine oder zwei Wochen früher. Genau wie bei den Stauden bedeckten wir die Plastikschalen mit Schnee. So viele unterschiedliche Gemüse- und Kräutersamen lagen gern in der kalten Erde, um mit Schnee gegossen zu werden! Das gute Ergebnis berauschte uns richtig und spornte uns an, weiterzumachen.

Das große Experimentierfeld für die Winteraussaat ist unser 9,4 m² großes Kaltgewächshaus im Zentrum von Västerås. Da wir uns viele Jahre lang um mehrere Gartenprojekte kümmerten und viele Pflanzen brauchten, war es logisch, die Pflanzenanzucht zu vereinfachen und zu maximieren. Wir säten Unmengen und konnten, man höre und staune, fünf Gärten damit füllen und noch etwas verschenken.

In einem Jahr juckte der grüne Daumen besonders früh. Der Winter war schon im November gekommen und Anfang Dezember landete Rucolasamen in einer Anzuchtkiste. Kurz vor Weihnachten wurde es plötzlich milder und die Samen wachten auf und wuchsen schnell zu 2 cm großen Pflänzchen heran. „Und jetzt?“, dachten wir. Zwischen den Jahren wurde es wieder kalt, -10 Grad! Die kämpfenden Rucolapflänzchen standen tagelang gefroren da - und wollten nicht aufgeben. Die Wuchskraft der Pflanzen war unerwartet hoch. Sie schafften es, trotz mehrerer Minusgrade am Leben zu bleiben, aber die vielen Temperaturschwankungen, bevor der Frühling kam und das Licht zurückkehrte, waren zu hart. Und nach dieser Periode wechselnder Temperaturen sind sie schließlich erfroren. Aus dem Rucolatest haben wir sehr viel gelernt. Wir empfehlen unbedingt, ein bisschen herum zu experimentieren, auch wenn das mal schiefgehen kann. Man sät dabei natürlich nicht alle Samen auf einmal.

→ Wenn man im Winter in Kästen aussät, kann man früh Blattgemüse ernten.

Vorteile der Winteraussaat

Die Winteraussaat hat viele Vorteile, so verteilt sich z. B. die Aussaat übers Jahr, statt auf eine kurze, hektische Phase. Einiges säen wir schon im Januar draußen und anderes im Februar im Kaltgewächshaus. So können die Samen den Zeitpunkt des Keimens selbst bestimmen. Da Pflanzen bei unterschiedlichen Temperaturen keimen, wachen nicht alle gleichzeitig auf. Und weil unsere Anzuchtkisten draußen oder im Gewächshaus stehen, sieht unser Zuhause das ganze Jahr über „normal" aus. Bevor wir im Winter säten, standen unsere Tische und Fensterbänke voller Anzuchtkisten, und wir schleppten ständig Gießkannen ins Haus. Pflanzen, die im Haus vorgezogen werden, sind oft viel zu hoch aufgeschossen, weil sie nicht genug Licht bekommen. Pflanzenlampen können da natürlich helfen, aber wer hat schon so viele Lampen im Haus, dass es für die Gemüseaussaat einer ganzen Familie reicht? Außerdem wird das teuer, sowohl in der Anschaffung, als auch bei den Stromkosten. Stellt man die Aussaat aber nach draußen, gewöhnen sich die Pflanzen ans Sonnenlicht, was ja auch das natürliche Licht für sie ist. Pflanzen, die im Haus vorgezogen wurden, brauchen immer eine Phase der Abhärtung und Gewöhnung, bevor sie in der Sonne wachsen können. Das umständliche Rein-Raus während der Gewöhnung fällt also weg, wenn man im Winter kalt sät.

Auch die Temperaturen im Haus lassen die Pflanzen hochschießen. Wenn man Glück hat, verwächst sich das und sie werden kompakter, aber normalerweise bleiben sie empfindlich gegenüber Wind und Wetter. Pflanzen, die draußen gesät wurden, werden dagegen buschig und brauchen, je nach Sorte, gar keine Stütze.

← Wenn Schnee liegt, gießen wir mit Schnee, ansonsten mit Wasser.

Im Winter gesäte Gemüsepflanzen sind von Anfang an kompakt und an das Klima draußen gewöhnt. Nach einmaligem Umpflanzen sind sie bereit, ins Beet gesetzt zu werden.

Schön bei im Winter gesäten Samen ist, dass sie früh keimen. Eigentlich liegt das nicht am Winter selbst, sondern daran, dass wir Gärtner sie normalerweise spät säen, weil wir ihnen meist nicht zutrauen, dass sie bei niedrigen Temperaturen keimen. Am schnellsten keimen Samen im Gewächshaus oder an anderen geschützten Orten, wo die Temperatur tagsüber durch die Sonne ansteigt, während die ungeschützten Samen im Freiland dem natürlichen Rhythmus der Jahreszeiten folgen. Egal, wo man nun sät, die Samen keimen oft früher als man es für möglich hielt, und das Ergebnis ist fast immer gut. Schönere Pflanzen findet man kaum! Die früh ausgesäten wachsen kompakter, buschiger und sind robuster, weil sie schon an das Wetter gewöhnt sind.

WANN KANN MAN ANFANGEN?

Mitte Februar bis Mitte März fangen wir an, Gemüse und Kräuter in Anzuchtkisten im Kaltgewächshaus zu säen. Es kann auch klappen, schon im Dezember im Gewächshaus oder an einem ähnlichen Platz zu säen, wenn es bis März durchgehend kalt bleibt, aber wir warten lieber, bis der Winter zum Großteil vorbei ist.

Richtig früh, schon im Januar, ja, sogar schon im Herbst kann man Möhren, Pastinaken, Spinat, Dill, Petersilie, Haferwurzel und Schwarzwurzel direkt ins Beet säen. In der kalten Erde schlafen die Samen wie Dornröschen, bis der Frühling kommt. Sie keimen wohl sofort, aber der Prozess wird von den tiefen Temperaturen gestoppt, sodass die Keimlinge nicht auf ungünstige Bedingungen treffen.

TROCKENSTART

Man kann auch schon früh Kisten und Töpfe mit Erde und Samen füllen und sie dann irgendwo im Haus abstellen, wo die Luftfeuchtigkeit niedrig ist (sogar ein bisschen Kondenswasser reicht, um die Keimung anzuregen) und nicht gießen. Wenn es dann Zeit für die Keimung ist, stellt man alles nach draußen, in ein Gewächshaus oder Ähnliches und gießt oder bedeckt es mit Schnee. Samen keimen nur, wenn die Erde feucht ist.

Wintersaat in Töpfen

Auch für Gemüse und Kräuter benutzen wir Plastikschalen aus dem Supermarkt und füllen sie mit Anzuchterde. Vor der Aussaat überlegen wir, wie die Pflanzen wachsen sollen. Man will ja z. B. keine einzelnen Schnittlauchhalme oder Dillzweige, sondern Büschel. Dies säen wir in kleinen Haufen. Bei Gemüse, das als einzelne Pflanze wachsen soll, wie Brokkoli und Rotkohl, verteilen wie die Samen gleichmäßig auf der Erde. Die Pflanzen werden beim Umpflanzen oder Setzen vereinzelt. Am Ende streuen wir eine dünne Schicht Anzuchterde oder Sand über die Samen. Sand ist etwas schwerer als Anzuchterde und hält die Samen sozusagen fest.

Sollen die Samen sofort keimen, gießt man, mit Wasser oder Schnee, und zwar vorsichtig in den Kasten, damit sie nicht weggespült werden, oder man bedeckt sie mit 5–15 cm Schnee. Es ist sehr praktisch, wenn die Anzuchtkisten in einem größeren Kasten oder etwas Ähnlichem mit hohen Kanten stehen, damit überschüssiges Wasser abfließen kann. Wenn die Pflanzen dann wachsen, kann man in den Kasten gießen, sodass die Wurzeln das Wasser von unten aufsaugen können.

Man kann die Winteraussaat an verschiedene Orte stellen, hier ein paar, die wir ausprobiert haben:

- → Kaltgewächshaus
- → Folientunnel
- → Wintergarten mit durchsichtigem Dach
- → Holzrahmenbeetgewächshaus
- → Früh- oder Holzrahmenbeet mit Glas- oder Plastikdeckel
- → im Holzrahmenbeet oder im Freiland mit Mulchvlies

← 1. Töpfe und Anzuchtkisten ohne Schutz im Holzrahmenbeet 2. Folientunnel 3. Wintersaat im Kaltgewächshaus 4. Pflanzen im Holzrahmenbeet mit Mulchvlies

- → draußen in einem großen Plastikkasten mit durchsichtigem Deckel
- → draußen, ohne Schutz, im Freiland oder in Holzrahmenbeete

Welchen Ort man wählt, ist nicht so wichtig, man kann auch mehrere gleichzeitig nutzen. Dann bekommt man Pflanzen unterschiedlicher Entwicklungsstadien – gut, um die Ernte lang zu strecken. Die Keimung geschieht je nach Platz früher oder später, aber das Ergebnis ist immer gleich gut. In kleinen Gefäßen wie Töpfen oder Plastikschalen taut die Erde schneller und die Samen keimen früher, besonders im Gewächshaus oder in einem Folientunnel, wo sich die Erde viel stärker erwärmt als im Freien.

In einem großen Plastikkasten draußen kann es sehr warm und feucht werden, der Deckel sollte daher einen Spalt offenbleiben (ein Stein verhindert, dass er wegfliegt) und der Kasten sollte im Halbschatten stehen. Ein paar zusätzliche Lüftungslöcher sind auch von Vorteil. In größeren Gefäßen taut die Erde langsamer auf, stehen sie jedoch in einem Gewächshaus o. Ä. keimen die Samen deutlich schneller als im Freien.

EIN WORT ZUR WARNUNG!

In einem transparenten Plastikkasten mit Deckel oder Plastikfolie, der im Gewächshaus oder einem Folientunnel steht, kann es für die Samen viel zu warm werden. Dadurch keimen sie schnell, aber die Pflanzen sind dann abhängig von der Wärme und wachsen zu rasch. Wenn sie zu groß für den Kasten oder die Folie sind, kommen sie eventuell nicht mit dem Klima außerhalb klar. Wir verwenden Folie nur bei wärmeliebenden Pflanzen wie Chili, Aubergine und Knollensellerie, die wir im Haus vorziehen.
Durchsichtige Plastikkästen mit Deckel kann man auch draußen verwenden, aber achten Sie auf gute Belüftung, damit es an Sonnentagen nicht zu warm wird.

→ Oft zeigen sich die Kohlarten in unserem Kaltgewächshaus als Erste.

DIE ALLERERSTE ZEIT

Auch wenn es noch Winter ist und der Frühling weit weg, sollte man ab und zu nach den Samen sehen, besonders nach denen im Gewächshaus und an geschützten Stellen, wo es tagsüber warm werden kann. Wenn schon ein paar Samen gekeimt haben, lassen die anderen nicht mehr lange auf sich warten.

Sobald man die ersten grünen Blättchen oder Stiele sieht, muss man regelmäßig gießen, damit die Erde feucht bleibt. Ein Brausekopf an der Gießkanne ist besser als ein harter Wasserstrahl, der die Pflanzen verletzen kann. Wenn man aber von unten gießt, ist es egal, dann saugen die Wurzeln das Wasser auf. Zwischen dem Gießen sollte der Boden trocken sein, damit die Wurzeln Luft bekommen. Ständig im Wasser zu stehen, kann die Pflanzen im schlimmsten Fall töten. Kleine Pflanzen sind am empfindlichsten. Wenn Pflanzen im Freien überschwemmt werden oder zu viel Regen abbekommen, sollte man das Wasser auskippen. Andererseits ist es aber auch wichtig, dass die Erde und damit die Pflanzen nicht austrocknen.

Ein Samen keimt, wenn das Klima günstig ist, der Keimling ist sofort ans Klima angepasst – nachts kühl, tags warm. Bleibt die Temperatur recht konstant zwischen -8 und +30 Grad wachsen die Pflanzen oft gut. Je kälter und je länger es tagsüber kalt ist, umso schwerer wird es für die bereits gekeimten Pflanzen. In Einzelfällen sind bei unserer Winteraussaat durch einen heftigen Wetterumschwung einige Pflanzen gestorben, aber da hatten wir zu früh gesät, schon vor Weihnachten, oder Pflanzen ausprobiert, bei denen wir noch nicht wussten, ob sie es schaffen.

Im Gewächshaus und ähnlichen Räumen kann es zu starken Temperaturunterschieden bei sonnigen Tagen und frostigen Nächten kommen. Um das abzumildern, kann man eine Standheizung oder einen Frostwächter benutzen.

→ Die Winteraussaat in aller Pracht Anfang März.

Eine andere Möglichkeit, das Gewächshausproblem hinsichtlich großer Temperaturschwankungen zu lösen, ist, noch ein paar Wochen zu warten, bis Ende März, bevor man kalt sät. Am wichtigsten ist, das Gartenklima und -jahr kennenzulernen und nicht zu vergessen, dass hinter Erfolgen oft einige Fehlschläge stehen.

NICHT ALLE SAMEN KEIMEN GLEICHZEITIG

Sollten einige der im Winter gesäten Pflanzen sterben, dann muss man nicht alle Samen verloren geben. Mit etwas Glück wachsen die anderen noch. Pflanzen sind großartig, nicht alle Samen keimen gleichzeitig, manche brauchen etwas länger, deswegen sollte man eine fehlgeschlagene Aussaat nicht direkt wegwerfen, sondern noch warten, ob sich etwas regt.

Säen

WANN: Wir säen im Winter von Mitte Februar bis Mitte März. Man kann auch noch später säen, aber dann ist es wohl nicht mehr Winter.

MAN BRAUCHT:

- ➔ Töpfe/Plastikschale mit Loch im Boden
- ➔ Anzuchterde
- ➔ Samen
- ➔ Sand (eventuell)
- ➔ Pflanzenetiketten und Stift
- ➔ Anzuchtkiste mit hohen Kanten
- ➔ Wasser oder Schnee
- ➔ Gießkanne mit Brausekopf (eventuell)

SO GEHT'S:

1. Die Töpfe bis ca. 1 cm unterhalb der Kante mit Anzuchterde füllen.
2. Die Samen auf der Erde verteilen. Wenn Sie einzelne Pflanzen möchten, verstreuen Sie sie gleichmäßig. Wenn es Pflanzentuffs werden sollen, dann säen Sie in Gruppen von 3–20 Samen, je größer die Samen, umso weniger pro Gruppe. Abstand zwischen den Gruppen: 2–5 cm.
3. Eine 0,3–1 cm dünne Schicht Anzuchterde oder Sand über die Samen streuen.
4. Sorte und Datum auf Etikett schreiben und in die Erde stecken.
5. Die Töpfe in die Anzuchtkiste stellen. Vorsichtig von oben oder unten gießen oder die Erde mit 10–20 cm Schnee bedecken.
6. Stellen Sie die Kiste in ein Kaltgewächshaus, in ein Holzrahmenbeet mit Foliengewächshaus oder einem Mulchvlies, in einen ungeheizten Wintergarten oder an einen geschützten Ort im Garten. Gießen Sie Wasser nach, wenn es aufgebraucht ist.
7. Wenn die Samen gekeimt sind, müssen sie regelmäßig gegossen werden (dann keinen Schnee benutzen). Schauen Sie nach den Sämlingen, gern jeden Tag, wenn möglich, um eventuell zu gießen. Am besten gießt man ganz unten in die Kiste, damit die Pflanzen das Wasser von unten aufsaugen können, 1–5 cm reichen. Wenn der Boden fast ganz trocken ist, dann genauso viel Wasser nachgießen.

Gemüse, das wir im Winter in Töpfen aussäen

- → Blattkohl
- → Blumenkohl
- → Brokkoli
- → Dill
- → Echter Meerkohl
- → Erbsen
- → Erdbeeren
- → Fuchsschwanz-Gewächse
- → Grünkohl
- → Haferwurzel
- → Kai-lan
- → Kalikraut
- → Kohlrabi
- → Kopfkohl (Weißkohl, Rotkohl, Spitzkohl und Wirsing
- → Koriander
- → Kumin
- → Lauch
- → Luft-Zwiebel
- → Minze
- → Möhren(im Eimer)
- → Pak Choi
- → Pastinake
- → Petersilie
- → Quinoa
- → Radieschen
- → Rhabarber
- → Rosenkohl
- → Rucola
- → Salat
- → Schnittlauch
- → Schwarzkohl
- → Schwarzwurzel
- → Shiso
- → Shungiku (Blatt-chrysantheme)
- → Sibirischer Blattraps
- → Spargel
- → Speiserübe
- → Speiserüben
- → Spinat
- → Thymian
- → Walderdbeeren
- → Winter-Bohnenkraut
- → Winterportulak
- → Winterzwiebel

→ 1. Thymian 2. Kohlrabi 3. Winter-Bohnenkraut 4. Radieschen 5. Rhabarber 6. Rotkohl 7. Frühlingszwiebel 8. Brokkoli 9. Erdbeeren. Oben: Salat

Mehr Platz zum Wachsen

Es ist nicht immer nötig, die Winteraussaat zuerst umzupflanzen, man kann sie auch direkt auspflanzen. Aber wenn man richtig schöne und widerstandsfähige Pflanzen haben möchte, dürfen die, die sich in Anzuchtkisten zusammendrängen, gern in eigene Töpfe mit neuer Erde umziehen. Meistens haben wir sehr viel gesät, sodass wir es gar nicht schaffen, alles umzupflanzen, oder es gibt nicht genug Platz für viele einzelne Töpfe, dann pflanzen wir nur die um, für die Platz da ist und lassen den Rest stehen. In das Loch, aus dem die Pflanze geholt wurde, geben wir neue Anzuchterde.

Die übrig gebliebenen Pflanzen sind die perfekte Reserve. Es kann so viel passieren, von Hagel über Schnecken bis zu Hasen und Wühlmäusen, da ist eine Reserve gut und kann sogar eine Garantie sein, dass man am Ende überhaupt etwas ernten kann.

Am besten pflanzt man um, wenn die Pflanzen 2–10 cm hoch sind. Man kann auch kontrollieren, ob die Wurzeln, auf der Suche nach Nährstoffen und Platz, schon aus dem Boden herauswachsen. Wir nehmen meist Anzuchterde. Nimmt man andere Erde, muss sie Nährstoffe enthalten, und wenn nicht, muss man mit einer Nährlösung gießen. In der Anzuchterde sind Nährstoffe für 3–4 Wochen enthalten. Wenn die Pflanzen länger darin bleiben, ist es also gut, etwas Dünger ins Gießwasser zu geben.

Manchmal lohnt es sich ein weiteres Mal in noch größere Töpfe und abermals neue Erde umpflanzen. Das machen wir z. B. mit Kohlpflanzen so, die sollen nämlich schon ziemlich groß sein, wenn wir sie auspflanzen.

TIPPS!

Wenn man Pflanzen aus derselben Anzuchtkiste im Abstand einiger Wochen umpflanzt, erhält man Pflanzen, die unterschiedlich weit entwickelt sind. Superpraktisch, wenn man die Ernte über einen längeren Zeitraum ausdehnen will. Ideal funktioniert das bei Salat, bei manchen Kohlsorten und Kräutern.

Heben Sie ein paar Pflanzen als Reserve auf, man weiß nie, was passiert und haben Sie kein schlechtes Gewissen, weil sie zu viel gesät haben, das machen alle Gärtner.

Umpflanzen

WANN: Sobald die Pflanzen 2–10 cm hoch sind, je nach Sorte, sollten sie umgepflanzt werden.

MAN BRAUCHT:

- ➔ Töpfe, 7–10 cm
- ➔ Anzuchterde
- ➔ Pflanzen
- ➔ Tischmesser
- ➔ Anzuchtkiste mit hohen Kanten
- ➔ Pflanzenetiketten und Stift
- ➔ Wasser
- ➔ Flüssigdünger (eventuell)

SO GEHT'S:

1. Die Töpfe zu 50–70 Prozent mit Anzuchterde füllen.
2. Mit einem Messer eine Pflanze oder Gruppe vorsichtig herausheben. Achten Sie darauf, die Wurzeln möglichst nicht zu beschädigen.
3. Jede Pflanze/Gruppe in einen Topf pflanzen und rundherum Erde einfüllen – sie sollten etwas tiefer sitzen als im Aussaattopf.
4. Eine Anzuchtkiste mit Wasser füllen und die Töpfe hineinstellen. Wenn Sie sich vollgesogen haben – dann sind sie schwer und die Erdoberfläche ist dunkler – kann man das überschüssige Wasser auskippen oder die Töpfe in eine neue Kiste stellen.
5. Die Pflanzen wieder dorthin stellen, wo sie während der Keimzeit standen oder an eine andere passende Stelle, d. h. an einen geschützten Platz im Garten, in einen ungeheizten Glaspavillon, ein Kaltgewächshaus oder Ähnliches.
6. Schauen Sie deswegen so oft Sie können nach den Pflanzen und gießen Sie, wenn die Kiste trocken aussieht. Es ist gut, wenn der Boden zwischen dem Gießen trocknet, damit Luft an die Wurzeln gelangt, aber nicht so trocken, dass die Pflanzen verdursten. Wenn die Wurzeln längere Zeit im Wasser stehen, können die Pflanzen Schaden erleiden und im schlimmsten Fall sterben. Kleine Pflanzen sind am empfindlichsten.
7. Es ist nie verkehrt, den Pflanzen eine kleine Dosis Dünger zu geben, besonders, wenn sie bis zum Auspflanzen noch eine Weile in den Töpfen stehen bleiben.

Auspflanzen in Hochbeete und ins Freiland

Ab Mitte Mai profitieren Pflanzen wie Salat, Zwiebeln und Kohlsorten nicht mehr davon, im unglaublich warmen Gewächshaus zu stehen, wo es tagsüber mehrere Stunden lang über 30 Grad werden kann. Jetzt landen die Pflanzen in einer Zwischenetappe an unterschiedlichen Stellen im Garten, bevor sie an ihren endgültigen Platz kommen. Auf diese Weise bremsen wir ihr Wachstum, damit sie nicht hochschießen oder einen Hitzschlag bekommen. Oft stellen wir Anzuchtkisten mit Pflanzen auf einen Tisch, auf ein paar aufgebockte Bretter oder in ein Holzrahmenbeet mit etwas Mulchvlies darüber. Der frei gewordene Platz im Gewächshaus wird sofort genutzt, für neue Aussaat oder Pflanzen, die im Haus vorgezogen wurden und für alle, die darauf warten, umgepflanzt zu werden.

Pflanzen, die wir im Winter in Kübeln ausgesät haben, pflanzen wir ab Mitte April um. Einige behalten wir als Reserve zurück, manchmal bis in den August. Es passiert, dass die Pflanzen direkt von dem Topf, in dem sie ausgesät wurden, ins Beet kommen, aber meistens werden sie mindestens einmal umgepflanzt, damit sie Zeit zum Wachsen haben. Größere Pflanzen ertragen Schädlinge und Trockenheit besser. Aber manchmal hat man keine Wahl, vielleicht kann man das Sommerhaus nur einmal im Frühling besuchen oder der Schrebergarten ist weit entfernt. Hat man also nur diese eine Möglichkeit zum Auspflanzen, dann nimmt man sie natürlich wahr und deckt vielleicht mit einem Mulchvlies ab. Man kann manche Pflanzen auch einzeln in

← Im Winter gesäte Pflanzen in einem Holzrahmenbeet. Wir halten keine Abstandsregeln ein, das heißt, wir bauen sehr dicht an. Wenn man beim Auspflanzen ordentlich düngt, macht das nichts.

Töpfen in eine Anzuchtkiste in ein Holzrahmenbeet unter einem temporären kleinen Zelt aus Mulchvlies stellen und das Beste hoffen. Bei uns klappt das. Kurz vorm Auspflanzen bereiten wir die Erde im Beet vor. Wir jäten, lockern die Erde auf und geben Kompost dazu, vielleicht Pflanzenkohle und immer einen Dünger. Dann arbeiten wir alles in die Erde ein.

IM TOPF

Hat man keine großen Freiland- oder Holzrahmenbeete kann man auch in große Töpfe oder Eimer mit Loch im Boden säen. Kopfkohl, Brokkoli, Grünkohl und Möhren säen wir manchmal im Winter in 20–40 l große Töpfe in Kompost- oder Anzuchterde, der wir ungefähr 125 g pelletierten Dünger zugeben. Haben Sie giftfreien Tierdung, dann nehmen Sie den.

Wir wollen gern das meiste aus unserem Anbau herausholen und lesen deswegen die Empfehlungen zum Abstand auf den Samentüten schon lange nicht mehr. Wir finden, entweder es klappt oder nicht und pflanzen gern unterschiedliche Gemüse zusammen, ohne zu wissen, ob die sich vertragen, oft gemischt mit Stauden oder noch lieber mit einjährigen Blumen. Über die Jahre hat der enge Anbau super funktioniert. Es wäre nie zum Rekord von 11,7 kg rotem Spitzkohl in einem Holzrahmenbeet gekommen, hätten wir uns an die Angaben auf der Samentüte gehalten.

Und fünf Brokkolipflanzen mit Zinnien und Kosmeen in einem Holzrahmenbeet sorgen nicht nur für viel Essen und einen Augenschmaus, sondern außerdem auch noch für Pollen und Nektar für Schmetterlinge und Hummeln. Aber für ein gutes Ergebnis darf man nicht mit Dünger geizen, für eine gute Ernte brauchen die Pflanzen viel Kraft. Pflanzen nicht zu düngen, ist, als würde man dem Hund nur Wasser, aber kein Futter geben.

→ Fünf Brokkoli, zwei Gartenstrohblumen, ein Fuchsschwanzgewächs, ein Shungiku, eine Trompetenzunge und zwei Salatpflanzen. Den Salat ernten wir, während der Brokkoli wächst und sich ausbreitet.

Ein Mikroklima aus ein paar Bambusstangen und Mulchvlies. Perfekt für kleine Pflanzen. Nehmen Sie nicht das billigste Mulchvlies, denn das reißt zu leicht.

Ein guter Tipp ist, nicht alle Pflanzen auf einmal auszupflanzen, das gilt für umgepflanzte und für die in der Anzuchtkiste. Heben Sie ein paar als Reserve auf, für den Fall, dass andere sterben.

WIE WIRD DAS WETTER?

Bevor Sie Ihre Pflanzen rausstellen, müssen Sie nachsehen, wie das Wetter in der nächsten Woche wird. Soll es sehr kalt werden, lieber noch warten oder Mulchvlies als Schutz benutzen. Aber auch heiße Tage mit stechender Sonne sollte man vermeiden. Am besten pflanzt man an einem wolkigen Tag aus.

Auspflanzen

WANN: Mitte April bis Anfang Juni. Wenn man im April beginnt, kann ein schützendes Zelt aus Mulchvlies gut sein.

MAN BRAUCHT:

- Komposterde
- Pflanzenkohle (eventuell)
- festen Dünger
- Pflanzen
- Pflanzenetiketten und Stift
- Wasser
- Flüssigdünger (eventuell)

SO GEHT'S:

1. Bereiten Sie die Erde am ausgewählten Ort vor. Sandige Erde braucht ordentlich Kompost, gern sogar Pflanzenkohle dazugeben, bei lehmiger Erde reicht viel Kompost.
2. Eine Sorte festen Dünger in die Erde einarbeiten. Man kann Dung von Pferden, Kühen oder Hühnern verwenden oder eine Art pelletierten Dünger (achten Sie darauf, dass er keine Pyridincarbonsäuren enthält, s. S. 41).
3. Graben Sie ein Pflanzloch an der passenden Stelle. Es sollte etwas größer als der Topf sein.
4. Nehmen Sie die Pflanze aus dem Topf und stellen Sie sie mitsamt der Erde und allem ins Pflanzloch, gern etwas tiefer als sie im Topf stand. Gießen Sie ein paar Liter Wasser an.
5. Dann Erde um die Pflanze anhäufen, sodass sie fest steht. Pflanzenetiketten daneben stecken.
6. Kräftig mit einer Gießkanne mit Brausekopf gießen.
7. Nach dem Umpflanzen sollte man bis zum Spätherbst einmal wöchentlich oder wenn die Erde trocken wirkt, gießen. Gern etwas Flüssigdünger hinzufügen oder Düngewasser nehmen.

Kalte Direktaussaat

Wir säen im Winter ins Freiland ohne den Umweg durchs Kaltgewächshaus solche Samen, die draußen in Holzrahmen- oder normalen Beeten ruhen und im Frühling loslegen sollen. Es geht nicht darum, dass sie schon bei Minusgraden keimen sollen, sondern sie sollen bereit sein, wenn der Frühling kommt, als wären sie ganz natürlich von der Pflanze abgefallen.

Wir säen Gemüse mit einer recht kurzen Wachstumsphase direkt, sodass es im Frühling oder Anfang Sommer reif ist und dann Platz für anderes Gemüse macht. Das können Spinat, Dill, Erbsen, Erbsensprossen, Salat, Rucola, Radieschen, sibirischer Blattraps, Petersilie oder Pak Choi sein – aber auch Pflanzen wie Möhren, Pastinaken, Schwarzwurzel, Haferwurzel und Petersilienwurzel.

Sollte Schnee liegen, schiebt man ihn für die Aussaat beiseite und gibt ihn später wieder darüber. Im Januar, Februar und März kann die Erde noch gefroren sein, dann muss man oft eine dünne Erdschicht verteilen, in die man sät, damit die Samen nicht verschwinden. Das kann Gartenerde sein, die man an einem frostfreien Platz aufbewahrt hat oder Erde aus einem Sack.

Die Samen werden in Gruppen, Reihen oder gleichmäßig verstreut gesät, je nachdem, welche Pflanzen es sind und wie sie wachsen sollen. Wenn es Schnee gibt, kann man eine Schicht darauf verteilen, muss man aber nicht. Sobald es schneit oder regnet, bekommen die Samen die nötige Feuchtigkeit.

Jetzt müssen sie zunächst allein klarkommen, erst, wenn die Samen gekeimt haben und die Pflanzen im April und Mai ein paar Zentimeter messen, fangen wir an zu gießen. Wir nehmen eine Gießkanne mit Brausekopf, um die Pflanzen nicht zu beschädigen und 10–30 l pro

Quadratmeter 1 bis 3-mal wöchentlich. Bei nährstoffarmer Erde kann man auch etwas Dünger ins Wasser geben (s. S. 37). Besonders wichtig ist das bei Wurzelgemüse, das groß werden soll.

SPINAT-TIPPS!

Die absolut beste Spinaternte erhielten wir bei der Direktsaat im Januar in ein doppeltes Holzrahmenbeet von zwei Samentüten einer schossfesten Sorte oder F1-Hybride. Seit ein paar Jahren ist es bei uns Tradition, direkt nach Neujahr zu säen, am 3. oder 4. Januar. Es ist immer ein schöner Moment, der uns daran erinnert, dass der Frühling bald kommt. Geerntet wird im Mai.

Was wir im Winter direktaussäen

- → Dill
- → Ebsensprossen
- → Erbsen
- → Haferwurzel
- → Möhre
- → Pak Choi
- → Pastinake
- → Petersilie
- → Radieschen
- → Rucola
- → Salat
- → Schwarzwurzel
- → Sibirischer Blattraps
- → Spinat

Direktaussaat

WANN: Direktaussaat bei Winterwetter klappt von Januar bis März.

MAN BRAUCHT:

- ➔ aufgetaute Erde oder Gartenerde (wenn die Erde gefroren ist)
- ➔ Komposterde oder Pflanzenkohle sowie festen Dünger nach Wahl (wenn man die Erde umgraben kann)
- ➔ Samen
- ➔ Pflanzenetiketten und Stift

SO GEHT'S:

1. Falls Schnee liegt, den entfernen. Sollte die Erde gefroren sein, eine 2–5 cm dicke Erdschicht darauflegen, wenn nicht, dann braucht man keine extra Erde, aber man kann Komposterde oder Pflanzenkohle zugeben.
2. Festen Dünger laut Packungsanweisung ausbringen. Bei Naturdünger ca. 1,5 kg pro Quadratmeter in die oberste Erdschicht (ca. 10 cm) einarbeiten. Ist die Erde gefroren, muss man später, wenn die Pflanzen etwas gewachsen sind, mit Düngewasser gießen.
3. Die Samen so säen, wie die Pflanzen wachsen sollen. Wurzelgemüse braucht mindestens 5 cm Abstand und wird am einfachsten in Reihen gesät. Blattgemüse kann man in Reihen oder gleichmäßig gestreut säen (z. B. Spinat), während z. B. Petersilie und Dill in Gruppen oder Büscheln gesät werden können.
4. Etwas Erde über die Samen geben, eine Schicht von 1 cm reicht.
5. Die Pflanzenetiketten daneben stecken und mit einer dicken Lage Schnee bedecken (wenn es welchen gibt). Gießen muss man nicht, auch wenn es bei der Aussaat trocken ist. Der Schnee oder Regen im Frühling reicht, um die Samen zu einem passenden Zeitpunkt aufzuwecken.

← Eingeweichte, gelbe Erbsen, die im Februar gesät wurden, sind Anfang Juni reif.

DIREKTAUSSAAT IM GEWÄCHSHAUS

Wir haben keine Grundbeete in unserem Gewächshaus. Das liegt daran, dass der Boden zu hart und zu steinig ist. Stattdessen arbeiten wir mit Tischen, auf denen unsere Aussaaten und Pflanzen stehen.

Wer Grund- oder Trogbeete in seinem Gewächshaus hat, kann im Winter dort direktsäen und auf eine frühere Ernte hoffen als im Freiland. Alle Pflanzen, die man vorziehen kann, kann man im Gewächshaus direkt aussäen, aber es ist geschickt, z. B. Blattgemüse zu wählen, das recht schnell wächst und geerntet werden kann und damit schnell den Platz für anderes freimacht. Wurzelgemüse, das direkt im Freien ausgesät werden soll, kann im Gewächshaus schwer anzubauen sein, besonders im Hochsommer, wenn es zu heiß dafür wird. Mit Sommermöhren sollte es jedoch klappen, weil die relativ schnell wachsen.

Ohne Grund- oder Holzrahmenbeete im Gewächshaus kamen wir auf eine andere Idee, nämlich direkt in Kästen auszusäen, und die kann man dann auch einfach heraustragen, sollte es zu warm werden oder der Platz knapp. Wir säen schnell wachsende Pflanzen in unsere Kästen, wie Dill, Rucola, Salat, sibirischer Blattraps, Mini Pak Choi und Spinat. Die wachsen rasch und sind früh erntereif, werden also nicht um- oder ausgepflanzt (sollte es eng werden oder andere Pflanzen sterben, kann man es trotzdem tun). Die Kästen mit Drainagelöchern im Boden füllen wir mit Erde, oft Anzuchterde aber auch Komposterde, und mischen einen festen pelletierten Dünger unter. Dann streuen wir die Samen auf die Oberfläche, legen eine Schicht Erde darauf und gießen von oben mit einem Brausekopf. Die Kästen funktionieren wie Mini-Holzrahmenbeete und sind superpraktisch. Dank ihnen haben wir von Mitte April bis Mittsommer frisches Blattgemüse. Anstelle der Kästen kann man auch große Töpfe verwenden.

→ Es ist geschickt, in Kästen und großen Töpfen im Gewächshaus anzubauen. Man kann aufgefrischte Erde verwenden und die Kästen und Töpfe schon im Herbst vorbereiten.

Während der Saison

In unserem ersten Gartenjahr wurden wir im Sommer etwas faul und „vergaßen" ab und zu, uns um die Pflanzen zu kümmern, zu gießen, zu jäten, sie zu stützen. Es war ja auch vorher viel Arbeit: Aussäen, Erde verbessern, Auspflanzen. Klar, dass man anschließend etwas Ruhe will. Aber eigentlich braucht es dann auch nicht mehr viel Arbeit, finden wir jedenfalls. Es geht mehr darum, eine Routine zu entwickeln, nach den Pflanzen zu sehen und zu erkennen, was los ist und was sie brauchen.

Pflanzen, die hängen und traurig aussehen, brauchen oft Wasser. Sind sie sehr klein, kann es an fehlenden Nährstoffen liegen. Dann gibt es alle möglichen Schädlinge, die sich auf die Pflanzen stürzen können. Achten Sie früh auf möglichen Befall oder Eiablagen, damit dieser Albtraum gar nicht erst entstehen kann (mehr zu Schädlingen auf S. 199). Außerdem muss man immer wieder jäten und die Pflanzen stützen und hochbinden.

Wenn wir gießen, dann richtig, und ja, man braucht viel Wasser, um Essen zu produzieren, mehr als man glaubt. Es ist wichtig, darauf zu achten, dass das Wasser wirklich die Wurzeln erreicht. Ein Holzrahmenbeet bzw. dieselbe Fläche im Freiland gießen wir ein oder mehrmals wöchentlich jeweils mit 20–40 Liter, meist mit einer Gießkanne. Wie oft wir gießen, hängt vom Monat ab, davon wie viel es geregnet hat und wie es den Pflanzen geht. Frisch Ausgepflanztes braucht weniger Wasser als große Pflanzen, die schon Früchte produzieren. Gießen Sie immer, wenn die Erde trocken erscheint, und zwar bis in den Spätherbst.

Manchmal sind wir etwas bedrückt, wenn wir überlegen, wie viel Wasser es braucht, damit es dem Garten gutgeht und er viel produziert. Daher sammeln wir Regenwasser in Tonnen und Eimern, um nicht immer Trinkwasser nehmen zu müssen, was nicht nur ökologischer, sondern auch billiger ist. Die Wasserbehälter sollten Deckel haben, um nicht zur tödlichen Falle für durstige Kleintiere oder zur Brutstätte von Stechmücken zu werden.

Wenn Sie zu wenig gedüngt haben oder den Pflanzen etwas zusätzliche Energie geben wollen, dann ist es eine gute Idee, immer etwas Dünger mit in das Gießwasser zu geben (s. S. 37).

Alte Zinkwannen sind schön und praktisch im Garten. Man kann sie beim Jäten benutzen oder als Wasserreservoir. In dieser hier hat Thereses Mutter als Kind gebadet.

4

Gemüse im Frühling aussäen

APRIL – MAI

Die häufigste Art, Gemüse anzubauen, ist, es direkt ins Freiland oder in Holzrahmenbeete zu säen. So hat man es schon vor Tausenden von Jahren gemacht – Samen im Frühling in die Erde zu bringen, ist ja das Sinnbild der Aussaat.

Als wir mit dem Gemüseanbau begannen, lange bevor wir etwas über Kaltaussaat wussten, machten wir es so wie üblich und säten Ende April oder Anfang Mai diverse Samen direkt in die Erde. Weil Unkraut aus irgendeinem Grund immer schneller wächst als das, was man gesät hat, folgte darauf ein ewiges Jäten zwischen den kleinen Pflänzchen. Viele Samen waren außerdem zu eng gesät, sodass wir sie ausdünnen, also Pflanzen wegwerfen mussten. Da fühlte es sich als das einzig Richtige an, alles vorzuziehen. Dadurch erhielten wir große Pflanzen zum Aussetzen, und alle Keimlinge konnten wachsen.

Das erste Mal zogen wir Gemüse im März im Haus vor, und im Mai konnten wir mehrere unterschiedliche Pflanzen nach draußen setzen. Wir waren auf den Geschmack gekommen und zogen jedes Jahr mehr vor. In einem Frühling waren es dann viel zu viele Pflanzen für die kleinen Fenster, sodass einige auf Gedeih und Verderb ins kalte Gewächshaus umziehen mussten, wo sich schon die im Winter gesäten Stauden befanden, zusammen mit diversen „Gut-wenn-man sie-hat-Dingen" aus Papa Pauls Erfinderwerkstatt. Denn dass es hier überhaupt ein Kaltgewächshaus gibt, liegt daran, dass Paul vor vielen Jahre versucht hatte, Nadelbäume zu züchten, die gegen den Fichtenrüssler resistent waren.

Obwohl das Gewächshaus ungeheizt war, keimten viele Gemüsesamen bereits Anfang April. Das erstaunte uns. Dank des Lichts, der Tageswärme und Nachtkälte wurden die Pflanzen sehr schön und kompakt. Das war der Startschuss für ein ständiges Testen der Aussaat von allem möglichen Essbaren. Wir hatten die fantastischen Ergebnisse der im Winter gesäten Stauden im Hinterkopf und versuchten daher, jedes Jahr ein bisschen früher im Gewächshaus zu säen, wie wir im Kapitel über „Gemüse im Winter aussäen" erzählt haben.

Ziemlich schnell merkten wir, dass die meisten Samen, die im April keimen, auch sehr gut schon einige Monate früher im Freien ausgesät werden können – aber nicht alle. Manche Pflanzen vertragen nur eine gewisse Kälte, wird es kälter, programmieren sie sich sozusagen um und denken, dass es Winter sei.

WANN BEGINNT DER FRÜHLING?

Bei uns in Mälardalen gehen wir davon aus, dass der Frühling Ende März kommt. Der Geburtstag unseres Sohnes am 28. März ist zum Auftakt für unsere kalte Frühlingsaussaat und den Frühling geworden. Meteorologisch beginnt der Frühling schon am ersten März. Wenn man unsicher oder Anfänger ist, kann man nach und nach Töpfe mit Probesaaten hinausstellen und sich herantesten, so lernt man die Technik und das Gartenklima kennen.

WAS UND WANN?

Mit Frühlingssaat meinen wir die Direktaussaat im Freien oder das Vorziehen an einem geschützten Platz von Ende März bis Mitte Mai. Man kann auch noch im Mai säen, abgesehen von gewissen Pflanzen, die gern blühen, wenn die Tage lang und hell werden. Dazu gehören Spinat, Pak Choi, verschiedene Blattkohlarten und Rucola, die im Mai und Juni alles in die Blüten setzen und nicht in die Blätter, die man ja eigentlich haben will. Diese Pflanzen sollte man also im Winter säen, richtig früh im Frühling oder aber mitten im Sommer.

Mangold und verschiedene Betesorten blühen dagegen eher, wenn sie schon im Winter gesät wurden, da ist es dann perfekt, sie im Frühling in der Kälte zu säen oder auch noch später. Beten und Mangold gelten als zweijährig. Sie entwickeln die Knolle, bzw. die Blätter im ersten Jahr und blühen dann nach dem Winter oder der Winteraussaat und bilden Samen. Rote Karotten, also nicht die traditionellen orangen, haben ebenfalls diese Tendenz. Andere Möhren kann man ab dem Spätherbst säen, aber die roten beginnen oft mitten im Sommer zu blühen, wenn sie zu früh gesät wurden, daher sollte man mit ihnen bis Anfang Mai warten.

Kräuter wie Rosmarin und Basilikum eignen sich ebenfalls für die Kaltaussaat im Frühling, ebenso wie Dicke Bohnen, Gemüseportulak und Tomaten.

Es scheint unglaublich, dass man Tomaten Anfang April kalt säen kann. Aber viele, die ihre Tomaten auf den Kompost gegeben haben, kennen die kleinen Pflanzen, die wie Unkraut sprießen. Ein klares Zeichen dafür, dass die Samen sowohl das Aussäen im Winter als auch im Frühling vertragen. Die Samen können also in der winterkalten Erde liegen und im Frühling wunderbar keimen. Kommt dann aber noch einmal ein echter Wintereinbruch, können sie eingehen – mit anderen Worten, am besten wartet man mit der Aussaat bis zum Frühling. Wie

Diese kräftigen Tomatenpflanzen wurden am 2. März im Gewächshaus ausgesät. Anfang Juni sind sie bereit, um- oder ausgepflanzt zu werden.

alle anderen in der Kälte gesäten Pflanzen werden auch die Tomaten auf diese Art kompakt und üppig. Im Vergleich zu Tomaten, die früh im Haus ausgesät wurden, sind sie zu Beginn in der Entwicklung vielleicht etwas zurück. Aber das macht uns nichts aus. Uns sind kräftige, robuste Pflanzen, die im Spätsommer und Herbst Tomaten produzieren lieber als hochgeschossene Pflanzen, die ihre Früchte nicht halten können und mitten in der Hochsaison schlapp machen.

Wartet man bis Ende April oder Anfang Mai, können auch verschiedene Bohnen, Mais und Zuckerrohr mit guten Resultaten in einem ungeheizten Kaltgewächshaus ausgesät werden. Abgesehen davon können die meisten Pflanzen aus dem Kapitel zur Winteraussaat auch jetzt gesät werden. Hat man also im Winter vergessen zu säen, kann man das ganz wunderbar auch jetzt noch tun. Ist das nicht toll?

Kaltsaat in Töpfen

Wenn wir im Frühling in der Kälte säen, dann praktisch immer im Kaltgewächshaus. Das ist der beste Arbeitsplatz im Frühling, und genau da sollten die Sämlinge auch stehen. Die Herangehensweise ähnelt der bei der Aussaat im Winter. Wir benutzen eigentlich immer Anzuchterde, weil Aussaaterde zu wenig Nährstoffe enthält, aber man kann auch seine eigene Erde aus Kompost oder dem Freiland nehmen, wenn man nichts gegen die Gesellschaft von Unkraut hat. Als Behälter nutzen wir meist Plastikschalen aus der Gemüseabteilung des Supermarkts.

Wenn alle Kisten oder Schalen mit Erde gefüllt sind, verteilen wir die Samen auf der Oberfläche. Die Samen der Pflanzen, die wir später einzeln setzen wollen, streuen wir breit, und die, die in Tuffs wachsen sollen, säen wir in Gruppen oder Haufen. Basilikum, Rosmarin und Bohnenkraut soll bei uns in Gruppen wachsen, deswegen legen wir je 7–20 Samen mit ein paar Zentimetern Abstand. In eine kleine Kiste von Kirschtomaten aus dem Supermarkt passen 9–12 Samenhaufen, was ungefähr der Basilikumbedarf für ein halbes Jahr ist. Bete, die einzeln ausgepflanzt wird, streuen wir breit und gleichmäßig auf die Oberfläche und geben dann eine dünne Schicht Erde darauf.

Wenn alles fertig ist, stellen wir die Behälter in eine Anzuchtkiste, die wir entweder mit Wasser gefüllt haben oder behutsam von oben mit einer Gießkanne mit Brausekopf gießen. Die Kiste mit der Aussaat kommt dann zu unseren im Winter ausgesäten Stauden und Gemüsepflanzen ins Kaltgewächshaus. In einer transparenten Plastikkiste ohne Belüftung würde es an sonnigen Frühlingstagen viel zu warm.

Wir gießen weiterhin von unten oder mit einem Brausekopf an der Gießkanne von oben. Am liebsten gießen wir von unten, aber wenn man hohe Anzuchttöpfe benutzt, ist es besser von oben zu gießen (mit einem Brausekopf), weil das Wasser ansonsten nur schwer bis an die Samen kommt. Wenn alles Wasser aufgesogen wurde, füllt man neues nach. Es ist gut, wenn der Boden zwischen dem Gießen etwas trocknet, damit die Wurzeln Luft bekommen, aber die Sämlinge dürfen auch nicht austrocknen.

Wenn Sie kein Gewächshaus haben, dann können Sie die Aussaat auch in den Garten stellen, am besten auf einen Tisch, damit hungrige Schädlinge nicht so einfach drankommen. Legen Sie eventuell ein Mulchvlies zum Schutz über die Saat. Das ist nicht zwingend notwendig, aber je mehr Schutz, umso schneller keimen die Samen und wachsen die Pflanzen. Kleine Pflanzen sind empfindlich, gießen Sie also überschüssiges Wasser aus, sollte es stark geregnet haben.

Manchmal haben wir die Samen im Haus, bevor wir sie ins Kaltgewächshaus bringen. Hier sind es unter anderem Knoblauch und Koriander.

Säen

WANN: Von Ende März bis Ende Mai.

MAN BRAUCHT:
- Töpfe/Plastikschale mit Loch im Boden
- Anzuchterde
- Samen
- Sand (eventuell)
- Pflanzenetiketten und Stift
- Anzuchtkiste mit hohen Kanten
- Wasser

SO GEHT'S:
1. Die Töpfe bis ca. 1 cm unterhalb der Kante mit Anzuchterde füllen.
2. Die Samen auf der Erde verteilen. Wenn Sie einzelne Pflanzen möchten, verstreuen Sie sie gleichmäßig. Wenn es Pflanzentuffs werden sollen, dann säen Sie in Gruppen von 3–20 Samen, je größer die Samen, umso weniger pro Gruppe. Abstand zwischen den Gruppen: 2–5 cm.
3. Eine 0,3–1 cm dünne Schicht Anzuchterde oder Sand über die Samen streuen, sodass sie bedeckt sind – je kleiner die Samen, umso dünner die Schicht.
4. Sorte und Datum auf ein Pflanzenetikett schreiben und in die Erde stecken.
5. Eine Anzuchtkiste mit Wasser füllen und die Töpfe hineinstellen. Wenn Sie sich vollgesogen haben – man merkt es daran, dass sie schwer sind oder die Erdoberfläche dunkler geworden ist – das überschüssige Wasser auskippen oder die Töpfe in eine neue Kiste stellen. Man kann auch vorsichtig von oben mit einem Brausekopf gießen. Dabei darauf achten, dass die Samen nicht weggespült werden und die Erde das Wasser aufsaugt.
6. Die Kiste nach draußen in ein Kaltgewächshaus oder Ähnliches oder an einen geschützten Platz im Garten stellen.
7. Wenn die Samen gekeimt sind, müssen sie regelmäßig gegossen werden. Schauen Sie nach den Sämlingen, gern jeden Tag, wenn möglich, um eventuell von unten oder auch von oben zu gießen.

Gemüse, das wir im Frühling kalt aussäen

- → Basilikum*
- → Bete*
- → Blumenkohl
- → Bohnen*
- → Bohnenkraut*
- → Brokkoli
- → Dicke Bohnen*
- → Dill
- → Epazote
- → Erbsen
- → Erdbeeren
- → Frühlingszwiebel
- → Fuchsschwanzgewächse
- → Gemüseportulak*
- → Grünkohl
- → Haferwurzel
- → Kai-lan
- → Kalikraut
- → Kerbel
- → Kohlrabi
- → Kopfkohl (Weißkohl, Rotkohl, Spitzkohl und Wirsing)
- → Koriander
- → Kumin
- → Lauch
- → Luftzwiebel
- → Mais
- → Mangold*
- → Minze
- → Möhren
- → Neuseeländer Spinat*
- → Pastinaken
- → Petersilie
- → Petersilienwurzel*
- → Physalis/ Kapstachelbeere
- → Quinoa
- → Radieschen
- → Rhabarber
- → Rosenkohl
- → Rosmarin*
- → Rucola
- → Salat
- → Schnittlauch
- → Schwarzkohl
- → Schwarzwurzel
- → Shiso
- → Shungiku
- → Spargel
- → Speiserübe
- → Speiserüben
- → Steckrübe
- → Steckzwiebeln*
- → Thymian
- → Tomate*
- → Tomatillo*
- → Walderdbeeren
- → Winter-Bohnenkraut
- → Winterportulak
- → Zuckerrohr*
- → Zwiebel (ausgesät)*

* Lässt sich nicht im Winter aussäen

→ 1. Mangold 2. Rosmarin 3. Gemüseportulak 4. Rote Bete 5. Zwiebeln 6. Blumenkohl 7. Tomate 8. Mais 9. Dicke Bohnen

Neue Kraft in neuem Topf

Wenn die Pflanzen in den Anzuchtkisten ein paar Blätter bekommen haben und je nach Sorte 2–10 cm hoch sind, können sie umgepflanzt werden. Dadurch werden sie besonders schön und robuster, was Wetterumschwünge und Schädlingsbefall angeht.

Wir lassen oft ein paar Pflanzen in der Anzuchtkiste stehen – wir säen ja immer viel zu viel – da können sie dann weiterwachsen und später vielleicht als Reservepflanzen dienen, sollte Ausgepflanztes geschädigt werden oder eingehen. Sollten keine Katastrophen geschehen und wir zu viele Pflanzen haben, kümmern wir uns trotzdem weiter um die Reservepflanzen, gießen sie ab und an mit Dünger und pflanzen sie vielleicht auch um. Wenn wir dann Ende Juli oder Anfang August z. B. Kartoffeln und Knoblauch ernten, haben wir große, schöne Pflanzen, die wir setzen können. Man kann sie sogar bis in den Herbst zum späten Aussetzen aufheben. Manchmal schaffen sie es gar nicht bis ins Beet, weil wir sie schon vorher aufgegessen haben.

Die einfachste und schnellste Methode des Umpflanzens ist, die gesamte Anzuchtbox in der Hand umzukippen, sodass die Pflanzen zwischen den Fingern landen. Dann stellt man den Erdklumpen auf eine Unterlage und löst die Pflanze oder Pflanzengruppe. Auch ein Tischmesser eignet sich gut, um Pflanzen herauszunehmen. Wir versuchen dabei meist, so viel von der alten Erde wie möglich zu entfernen, damit im neuen Topf ausschließlich frische Erde ist. Wir füllen ihn über die Hälfte mit Erde, dann setzen wir die Pflanze.

Die Pflanzen können einzeln oder in Gruppen umgepflanzt werden, falls man sie zusammen anbauen möchte. Pflanzen in Gruppen zu

← Die in der Kälte gesäten Tomaten nehmen in einzelnen Töpfen Platz.

setzen, ist auch eine gute Idee, wenn man nicht genug Platz hat, und so geht es uns und vielen Gärtnern jedes Jahr aufs Neue, egal, wie viel Platz man eigentlich hat. Nach dem Umpflanzen unbedingt gut gießen.

Die Kiste mit dem umgepflanzten Gemüse stellen wir zurück ins Kaltgewächshaus, aber an manchen Stellen ist es dort schon fast sommerwarm, dann dürfen sie auch vors Gewächshaus, solange die Wärme andauert, damit sie drinnen keinen Hitzschlag bekommen und in die Höhe schießen.

ROBUSTERE TOMATENPFLANZEN

Wenn eine Tomatenpflanze staksig aussieht, ist es gut, sie ziemlich tief in den Topf zu setzen. Tomaten haben nämlich die Eigenschaft, am ganzen Stiel entlang Wurzeln bilden zu können, wenn er unter der Erde liegt.

Umpflanzen

WANN: Im Mai sind die Pflanzen meist groß genug, um umgepflanzt werden zu können. Als Richtschnur kann man sagen, dass sie ein paar Blätter entwickelt haben müssen.

MAN BRAUCHT:

- → Töpfe, 7–10 cm
- → Anzuchterde, Gartenerde oder Komposterde
- → Pflanzen
- → Tischmesser
- → Pflanzenetiketten und Stift
- → Anzuchtkiste mit hohen Kanten
- → Wasser
- → Flüssigdünger (eventuell)

SO GEHT'S:

1. Die Töpfe zu 50–70 Prozent mit Erde füllen.
2. Mit dem Messer eine Pflanze oder Gruppe vorsichtig herausheben. Achten Sie darauf, die Wurzeln möglichst nicht zu beschädigen.
3. Jede Pflanze/Gruppe in einen Topf pflanzen und rundherum Erde einfüllen – sie sollte etwas tiefer sitzen als im Aussaattopf.
4. Sorte und Datum auf ein Etikett schreiben und in die Erde stecken.
5. Eine Anzuchtkiste mit Wasser füllen und die Töpfe hineinstellen. Wenn sie sich vollgesogen haben – man merkt es daran, dass sie schwer sind oder die Erde dunkler geworden ist – das überschüssige Wasser auskippen oder die Töpfe in eine neue Kiste stellen.
6. Die Pflanzen wieder dorthin zurück stellen, wo sie während der Keimzeit standen.
7. Schauen Sie so oft Sie können nach den Pflanzen und gießen Sie, wenn die Kiste trocken aussieht. Es ist gut, wenn der Boden zwischen dem Gießen trocknet, damit Luft an die Wurzeln gelangt, aber nicht so trocken, dass die Pflanzen verdursten. Wenn die Wurzeln längere Zeit im Wasser stehen, können die Pflanzen Schaden erleiden und im schlimmsten Fall sterben. Kleine Pflanzen sind am empfindlichsten.
8. Sollten die Pflanzen mehrere Wochen stehen bleiben, ist es gut, einen Schuss Dünger ins Gießwasser zu geben (s. S. 37).

Draußen im Garten

Kurz vor dem Auspflanzen bereiten wir die Erde vor, jäten, arbeiten Kompost und/oder Pflanzenkohle sowie Dünger ein und lockern mit einer Forke. Es ist clever, Unkraut kurz vorm Auspflanzen zu jäten, weil die Pflanzen so einen echten Vorsprung gegenüber dem Unkraut haben, das wieder von vorn anfangen muss. Alles Gemüse wird besser, leckerer und größer, wenn es an einem richtig sonnigen Platz wachsen kann. Ist der Platz begrenzt, ist es sinnvoll, sich vorher zu überlegen, wie groß die Pflanzen werden, damit sie keinen ungewollten Schatten werfen.

Beim Auspflanzen in den Garten nehmen wir die Pflanzen aus den Töpfen und setzen sie in derselben Tiefe in Pflanzlöcher, die etwas größer sind als der Topf. Wir gießen ein paar Liter Wasser an, häufeln Erde um die Pflanzen und gießen noch einmal behutsam über das Ganze. Wenn man fertige Pflanzen setzt, kann man von Anfang an mulchen, ohne das Risiko, Pflänzchen unter dem Material zu begraben. Mit Mulchen ist gemeint, dass man die Erdoberfläche mit einer recht dicken Schicht organischem Material bedeckt, so bleibt die Feuchtigkeit in der Erde, das Unkrautwachstum wird gehemmt und Regenwürmer verwandeln das Material in Humus. Mehr zu Mulchbeeten auf S. 53.

GÄRTNERN SIE, WIE SIE WOLLEN

Man muss sich nicht genau an den Reihen- und Pflanzenabstand halten, der auf den Samentüten und in Büchern angegeben wird. Sie können genauso anbauen, wie Sie möchten, lernen Sie aus Erfahrung und entwickeln Sie Ihre eigene Technik.

Sollten Sie versehentlich viele Pflanzen auf kleiner Fläche gesetzt haben, dann ist das nicht schlimm. Ernten Sie einige sehr früh, sollte es zu eng werden, dann haben die restlichen mehr Platz.

← Man muss früh dran sein, damit das Unkraut nicht das Beet überwuchert.

Auspflanzen

WANN: Mai – Juli, aber manchmal heben wir einen Teil der Pflanzen bis in den August auf. Zum Auspflanzen in Töpfe, s. S. 108.

MAN BRAUCHT:

- Komposterde, organisches Material und/oder Pflanzenkohle
- festen Dünger nach Wahl
- Pflanzen
- Pflanzenetiketten und Stift
- Wasser

SO GEHT'S:

1. Bereiten Sie die Erde am ausgewählten Ort vor, indem Sie Unkraut jäten und die Erde mit einer Forke etwas auflockern. Sandige Erde braucht ordentlich Kompost und organisches Material, gern sogar Pflanzenkohle dazugeben, bei lehmiger reicht viel Kompost und organisches Material (Pflanzenkohle funktioniert am besten bei leichter Erde).
2. Dünger in die Erde einarbeiten. Man kann Dung von Pferden, Kühen oder Hühnern verwenden oder eine Art pelletierten Dünger (achten Sie darauf, dass er keine Pyridincarbonsäuren enthält, s. S. 41).
3. Graben Sie ein Pflanzloch an der passenden Stelle. Es sollte etwas größer als der Topf sein.
4. Nehmen Sie die Pflanze aus dem Topf und stellen Sie sie mitsamt der Erde ins Pflanzloch. Gießen Sie ein paar Liter Wasser an, damit die Wurzeln ordentlich Wasser erhalten.
5. Erde um die Pflanze anhäufen, sodass sie fest steht und ein Pflanzenetikett anbringen.
6. Wenn alle Pflanzen gesetzt sind, kräftig mit einer Gießkanne mit Brausekopf gießen. In einem Holzrahmenbeet oder einer ähnlich großen Fläche im Freiland sollten es 20–40 l sein.
7. Nach dem Umpflanzen sollte man bis zum Spätherbst einmal wöchentlich gießen, 20–40 l pro Quadratmeter sind ausreichend. Lieber viel und selten als wenig und oft gießen, dann kommt das Wasser dorthin, wo es hinsoll – an die Wurzeln.

HEGEN UND PFLEGEN

Ab jetzt geht es bei der Pflege im Garten vor allem darum, regelmäßig zu gießen. Wir gießen jedes Mal viel, damit das Wasser auch wirklich bis an die Wurzeln gelangt. Wenn man unsicher ist, was die Wassermenge angeht, kann man Finger in die Erde stecken und fühlen. Als Richtlinie gelten bei uns 20–40 l pro Quadratmeter einmal pro Woche. Auch wenn es regnet, ist nicht sicher, dass das Regenwasser die Wurzeln erreicht. Auch hier gilt, wenn man unsicher ist, mit den Fingern nachfühlen. Wir benutzen bei den Holzrahmenbeeten und Töpfen normale Gießkannen und bei etwas größeren Beeten und im Freiland einen Schlauch.

Wenn man das Gefühl hat oder sieht, dass die Pflanzen schlecht wachsen, sollte man Dünger ins Gießwasser tun. Es ist gut, oft, aber mit niedriger Düngerkonzentration zu gießen. Den eigenen Urin zu sammeln und dann 1 : 7–9 mit Wasser zum sogenannten Goldwasser zu mischen, funktioniert richtig gut, aber man kann auch aus Unkraut, Nesseln, Hühnermist oder diversen gekauften Düngern (achten Sie darauf, dass sie keine Pyridincarbonsäuren enthalten s. S. 41) Düngewasser zum Gießen mischen. Mulchen mit frischem Rasenschnitt oder Unkraut, das noch keine Samen gebildet hat, bietet auch Nahrung und hält darüber hinaus die Feuchtigkeit.

Außerdem muss man regelmäßig das Unkraut zwischen den Pflanzen jäten und manche auch stützen und anbinden. Ein Rotkohl kann zusammensacken, eine Tomate eine Stütze brauchen und eine Rosenkohlpflanze ist vielleicht so schwer, dass sie unter ihrem eigenen Gewicht zusammenbricht. Es kann nötig sein, Stäbe aus Holz, Bambus oder Metall neben die Pflanzen zu setzen, um sie daran festzubinden, aber vorsichtig, damit man sie nicht erwürgt. Schauen Sie auch immer nach möglichem Schädlingsbefall, damit man Albträume verhindert, bevor sie großen Schaden anrichten.

→ Wenn man etwas größere Flächen wässern muss, ist es von Vorteil, einen Sprinkler mit verschiedenen Einstellungen einzusetzen.

Direktaussaat

Auch wenn wir am liebsten vorziehen, gibt es einiges, was wir Anfang Frühling direkt im Freiland aussäen, z. B. Wurzelgemüse, Dill, Petersilie, Erbsen, Dicke Bohnen, Rucola, Radieschen und Winterrettich. Das ist einfach, und man muss sich nicht um Töpfe und das Umpflanzen kümmern. Ein Vorteil bei der Direktaussaat ist, dass die Pflanzen, die draußen aufwachsen, Trockenheit besser aushalten als die vorgezogenen Pflanzen, die ihr Wurzelsystem noch nicht ausbilden konnten.

Vor der Aussaat bereiten wir die obersten zehn Zentimeter Erde mit einem Spaten oder einer Forke vor. Wir jäten Unkraut und geben einen festen Naturdünger aus dem Sack oder pelletiert oder Mist zu. Außerdem arbeiten wir in die oberste Erdschicht viel organisches Material und Kompost ein, manchmal sogar Pflanzenkohle.

Viele haben Probleme mit Dill. Unser Tipp lautet, ihn an 20 verschiedenen Stellen im Beet auf einmal auszusäen.

Dann bringen wir die Samen in Reihen oder Gruppen aus. Das langsam wachsende Wurzelgemüse säen wir einfach in Reihen, weil man es dann leichter erkennt, wann es keimt. Sonst erkennt man es schwer, denn Unkraut wächst ja immer rasend schnell. Anderes säen wir lieber in Gruppen, weil das sowohl funktional als auch hübsch ist, wenn hier und da kleine Tuffs stehen. Besonders schön ist es, Unterschiedliches zusammen in kleinen Gruppen anzubauen.

Möchte man in Reihen säen, kann man ein Brett oder eine Planke hochkant leicht in die Erde drücken, sodass eine Furche entsteht. Dann legt man die Samen in die Furche, am besten mit ein paar Zentimetern Abstand, dann muss man nicht viel ausdünnen, danach bedeckt man sie mit etwas Erde. Wenn wir in Gruppen säen, machen wir mit einem oder zwei Fingern ein kleines Loch, in das wir die Samen geben. Dafür reichen ein bis wenige Zentimeter Tiefe. Dann bedeckt man sie mit einer 1–2 cm dicken Erdschicht.

Am Ende schreiben wir die Sorte und das Datum auf ein Pflanzenetikett, um die Samen zu markieren. Schließlich ist es wichtig, die Samen gut, aber behutsam zu gießen, z. B. mit einem Brausekopf. Wir gießen unsere Direktaussaat mit Brausekopf 1 bis 3-mal wöchentlich mit ca. 10–40 l pro Quadratmeter. Lieber viel und selten als wenig und oft gießen, dann kommt das Wasser dorthin, wo es hinsoll – an die Wurzeln. Man muss aber vorsichtig sein, um die keimenden Samen nicht wegzuspülen.

Gemüse, das wir im Frühling direkt säen

- ➔ Dicke Bohnen
- ➔ Dill
- ➔ Erbsen
- ➔ Petersilie
- ➔ Radieschen
- ➔ Rucola
- ➔ Winterrettich
- ➔ Wurzelgemüse

5

Sommerblumen im Frühling aussäen

APRIL – MAI

Als wir in den 1990ern den Waldgarten wieder herrichteten und ernsthaft zu gärtnern begannen, wurden Sommerblumen zu einer schnellen Rettung. Dass sie in nur einem oder zwei Monaten vom kleinen Spross zu herrlichen Blüten werden, ist wohl die beste Eigenschaft der einjährigen Blumen. In diesem ersten Frühling verteilten wir Samen aus allen möglichen Tüten auf den nach dem Jäten leeren Beeten.

Wir hatten auch gehört, dass Dünger wichtig sein soll, also streuten wir auch pelletierten Dünger aus – vielleicht etwas zu viel. Das Ergebnis war eine Unmenge sehr hoher und extrem schlaksiger Pflanzen, die ihre fantastischen Blütenköpfe kaum halten konnten. Sogar das Unkraut wuchs rekordverdächtig, und für ungeübte Augen war es ziemlich schwierig, zu erkennen, was in diesem Durcheinander was war. Dass die Sonnenstrahlen im Sommer nur schwer durch die Baumwipfel drangen, tat ein Übriges. Zu wenig Licht lässt Pflanzen oft hoch aufschießen.

Trotz ein paar Problemen, die Pflanzen zu stabilisieren, war der Garten unglaublich lebendig und schön. Wir waren in einem Glücksrausch und begannen sofort damit, für die nächste Saison zu planen. Als das Licht im Spätwinter wiederkam, schmiedeten wir große Pläne für die Beete, mit mehr Stauden und mehr Sommerblumen. Vor lauter Eifer fingen wir in diesem Frühling früher an. Eine frühe Blüte und ein Vorsprung gegenüber dem Unkraut schienen uns wichtig. Wie viele Gemüsesorten zogen wir die Pflanzen zunächst im Haus vor, aber weil wir nicht genug Platz hatten, mussten ein paar Sommerblumensämlinge ins Kaltgewächshaus zu den im Winter gesäten Stauden ziehen.

Wir waren begeistert, dass auch die Sommerblumen mit dem kalten Start klarkamen. Ja, nicht nur das, sie waren im Vergleich zu den früheren Aussaaten viel kräftiger und buschiger. Welche Freude, später kompakte Pflanzen in die Beete zu setzen. An manchen Stellen erhielten sie Platz zwischen den Stauden, an anderen wuchsen sie allein. Vor allem Ringelblumen, Zinnien und Strohblumen. In einem langen Beet vor der Hütte boten rosa und limettengrüner Ziertabak zusammen mit orangen und blauen Elfenspiegeln ein fantastisches Blumenmeer, das dank der langen Blütezeit des Ziertabaks bis in den Spätherbst andauerte.

Von den vielen Sommerblumen, die wir inzwischen in der Kälte gesät haben, hat noch keine einzige die Frühlingskälte nicht vertragen. Im Gegenteil: Viele mögen sogar die Aussaat im Winter, aber wenn sie dann gekeimt und ein bisschen gewachsen sind, sind sie für plötzliche Kälteeinbrüche empfindlich. Zinnien haben schon mehrmals nach der Wintersaat gut gekeimt, starben dann aber, wenn die Temperatur in einer oder zwei Nächten zu weit unter null fiel.

Im Moment finden wir Dahlien und Pelargonien sehr spannend, wenn sie frostfrei überwintert werden, können sie viele Jahre leben. Beide reizen bei uns Menschen das Sammelgen, es besteht die Gefahr, dass auch wir bald zu Dahlien- und Pelargonien-Nerds werden. Nachdem wir sie im Frühling kalt gesät hatten, wuchsen beide Blumen gut und blühten unermüdlich, wenn auch ein bisschen später als üblich, aber vielleicht ist das in der ersten Saison einfach so.

→ Seit sie zwei ist, hilft unsere Tochter Tora im Garten.

Schnelle Farbenpracht

Uns ist die Blütenpracht genauso wichtig wie Essbares in unseren Beeten. An manchen Stellen in unseren Gärten haben wir getrennte Teile für Essbares und Blumen, aber über die Jahre mischen wir Gemüse und Blumen immer mehr, für schönere und interessante Beete.

Anders als Stauden, die über viele Jahre blühen, sich aber recht langsam etablieren, können einjährige Blumen eine Rabatte oder ein Gemüsebeet sofort verschönern. Man kann z. B. eine Grundlage aus Stauden im Beet haben und die jedes Jahr mit bunten, einjährigen Stargästen aufpeppen, die unterschiedliche Farbkombinationen, interessante Höhenunterschiede und eine lange Blütenphase bieten. In einem Gemüsebeet für sättigende, leckere Mahlzeiten kann man das Gemüse mit Farbklecksen von Sommerblumen kombinieren, sodass das Beet auch eine Augenweide ist und Bestäuber anzieht. Da es unheimlich viele Sommerblumen mit vielen Varianten jeder Sorte gibt, kann man wirklich aus dem Vollen schöpfen. In einem Jahr will man vielleicht eine bestimmte Farbskala erzielen, um im nächsten Jahr wieder ganz andere Kombinationen auszuprobieren. Die Möglichkeiten sind fast unendlich.

In unserem Garten arbeiten wir nicht stur auf ein konkretes Endziel hin. Wir möchten gern jedes Jahr mit neuen Eindrücken spielen und schauen, was passiert und für unterschiedliche Einfälle offen bleiben. Oft sind die interessantesten Pflanzkombinationen das Ergebnis von Unvorhersehbarem. Da sät man eine limettengrüne Zinnie, weil man denkt, dass sie neben den graugrünen Blättern des Brokkoli sehr gut wirken wird, doch dann machen ihr Schnecken oder sonst was den Garaus und plötzlich breitet sich das blutrote Große Löwenmaul oder die Minisonnenblume dort aus, wo die Zinnien waren. Das Resultat

← Zinnien in verschiedenen Farben gehören zu unseren Lieblingssommerblumen.

ist ein völlig anderes als geplant, und man stellt fest, dass die Brokkoliblätter und das Rote Große Löwenmaul zusammen wirklich fantastisch aussehen. Offen und kompromissbereit und nicht aufgeben, das ist unsere Einstellung zum Gärtnern. Man kann nur gewinnen, wenn man tolerant gegenüber dem bleibt, was nicht genauso wurde, wie man es sich gedacht hat, dem zu folgen, was passiert und den Garten ohne allzu viel Steuerung sprechen lassen. Außerdem empfehlen wir auch, etwas zu viele Samen auszusäen und eher mehr Pflanzen auszusetzen, denn man weiß ja nie, was geschieht.

Ein großer Vorteil von einjährigen Sommerblumen ist, dass sie ihre Samen freigiebig verteilen, und so mehrjährig wirken. Diese selbst ausgesäten Pflanzen sind oft die stattlichsten in unseren Beeten, denn sie haben ja selbst entschieden, dass – und wo – sie leben wollen.

BLUMENMEER

Man kann auch nur Sommerblumen anpflanzen und so ein blühendes Beet für ein Jahr erhalten. Vielleicht geht es einem ja nur um die Blütenpracht und nicht um das Beet an sich? Viele pflanzen Sommerblumen an, um daraus Sträuße oder hübsche Gestecke zu binden. Ein trister Fleck in einem Rasen oder ein hoffnungsloser Hang kann durch Sommerblumen in ein Blütenmeer verwandelt werden, wenn man gemischte Samen verstreut oder Pflanzen sorgfältig setzt, damit sie wie wild gewachsen aussehen. Die wichtigsten Bestäuber wissen ein Blumenmeer ebenfalls zu schätzen, und allein das ist Grund genug, eins zu säen.

→ Kosmeen können richtig groß und buschig werden.

Das Leben beginnt

Irgendwann Ende März oder im April beginnen wir mit den einjährigen Blumen, die wir ausschließlich in unserem Kaltgewächshaus aussäen. Der genaue Zeitpunkt hängt davon ab, wie sich der Frühling zeigt, wann wir Zeit haben und wie mutig oder dummdreist wir sind. Und weil wir wirklich sehr gern experimentieren, berechnen wir immer mit ein, dass Pflanzen und ganze Aussaaten sterben können. Manche Blumen reagieren empfindlich auf Kälteeinbrüche, ist man ängstlich, wartet man lieber, bis die kälteste Zeit vorbei ist und der Frühling wirklich begonnen hat. Man kann auch dieselbe Sorte zu unterschiedlichen Zeiten aussäen, als eine Art Sicherung, sollten die ersten schlappmachen.

Wir säen am liebsten in Töpfe oder kleine Plastikschalen, aber wenn wir viele Pflanzengruppen säen, dann nutzen wir auch Anzuchtplatten. Löcher im Boden sind absolut nötig, damit die Wurzeln Luft bekommen, und damit Wasser aufgesaugt werden und ablaufen kann. Wir verwenden ausschließlich Anzuchterde, egal, was wir säen. Wenn wir es den Samen besonders gemütlich machen wollen, mischen wir etwas Sand in die Erde und bedecken die Samen auch damit, aber das ist nicht unbedingt nötig. Durch den Sand ist die Erde locker und weniger kompakt, was die meisten Pflanzen zu Anfang ihres Lebens mögen.

Die meisten Sommerblumen säen wir in kleinen Gruppen auf die Erdoberfläche in der Anzuchtkiste. Je größer die Samen, wie z. B. Sonnenblumensamen, umso weniger pro Gruppe, 3–5 reichen. Bei kleinen Samen wie z. B. Lobelien und Ziertabak, passt eine Fingerspitze von 10–40 Samen. Wir schaffen es nicht, so winzige Samen zu zählen, daher säen wir nach Gefühl und hoffen aufs Beste. Die Pflanzen wachsen dann in kleinen Tuffs, und so sollen sie auch auf ihrem endgültigen Platz wachsen.

Man kann die Samen auch einzeln säen, dann ist es am einfachsten, sie breit über die Erde zu streuen und danach etwas Erde oder Sand daraufzugeben. Sollte man sie danach doch in Gruppen pflanzen wollen, kann man sie beim Umpflanzen zusammensetzen.

DIREKTAUSSAAT

Früher haben wir die Sommerblumen direkt ausgesät. Doch inzwischen ziehen wir meist alles vor, weil die Pflanzen dadurch schöner werden, außerdem gibt es dann auch kein Unkraut in derselben Größe, das um Platz und Nahrung konkurriert und schwierig zu jäten ist. Wer trotzdem direkt vor Ort säen möchte, soll das tun. Auch die Kombination von Vorziehen und Direktaussaat kann richtig gut sein, weil man dadurch meist eine viel längere Blühphase erreicht. Die Anleitung für die Direktaussaat von Gemüse finden Sie auf S. 142–143.

Säen

WANN: Die kalte Frühlingsaussaat geschieht bei uns irgendwann zwischen Ende März und Ende April.

MAN BRAUCHT:

- Töpfe, Plastikschale oder Anzuchtplatte
- Anzuchterde
- Samen
- Sand (eventuell)
- Pflanzenetiketten und Stift
- Anzuchtkiste mit hohen Kanten
- Wasser

SO GEHT'S:

1. Die Töpfe bis ca. 1 cm unterhalb der Kante mit Anzuchterde füllen.
2. Die Samen auf der Erde verteilen. Wenn Sie einzelne Pflanzen möchten, verstreuen Sie sie gleichmäßig. Wenn es Pflanzentuffs werden sollen, dann säen Sie in Gruppen von 3–20 Samen. Abstand zwischen den Gruppen: 2–5 cm.
3. Eine 0,3–1 cm dünne Schicht Anzuchterde oder Sand über die Samen streuen, sodass sie bedeckt sind – je kleiner die Samen, umso dünner die Schicht.
4. Sorte und Datum auf ein Pflanzenetikett schreiben und in die Erde stecken.
5. Eine Anzuchtkiste mit Wasser füllen und die Töpfe hineinstellen. Wenn Sie sich vollgesogen haben – man merkt es daran, dass sie schwer sind oder die Erdoberfläche dunkler geworden ist – kann man das überschüssige Wasser auskippen oder die Töpfe in eine neue Kiste stellen. Man kann auch vorsichtig von oben mit einem Brausekopf gießen.
6. Die Kiste nach draußen in ein Kaltgewächshaus oder Ähnliches oder an einen geschützten Platz im Garten stellen.
7. Schauen Sie nach den Sämlingen, gern jeden Tag, wenn möglich, um zu gießen, wenn das Wasser verbraucht ist.

Unsere besten Sommerblumen zur Kaltaussaat

- Amarant, *Amaranthus*
- Aster, *Callistephus chinensis*
- Sommerazalee, *Clarkia amoena*
- Himmelblaue Prunkwinde, *Ipomoea tricolor*
- Wilde Möhre, *Daucus carota*
- Ziertabak, *Nicotiana x sanderae*
- Kornblume, *Centaurea cyanus*
- Buntschopf-Salbei, *Salvia viridis*
- Kapuzinerkresse, *Tropaeolum majus*
- Strohblume (alle Sorten), *Helichrysum*
- Federnelke, *Dianthus plumarius*
- Borretsch, *Borago officinalis*
- Jungfer im Grünen, *Nigella damascena*
- Gartenstrohblume, *Xerochrysum bracteatum*
- Patagonisches Eisenkraut, *Verbena bonariensis*
- Chrysantheme, *Chrysanthemum*
- Großes Löwenmaul, *Antirrhinum majus*
- Lobelie, *Lobelia*
- Duftwicke, *Lathyrus odoratus*
- Riesen-Ziertabak, *Nicotiana sylvestris*
- Elfenspiegel, *Nemesia*
- Pelargonien, *Pelargonienium*
- Samtskabiose, *Scabiosa atropurpurea*
- Liebeshainblume, *Nemophila menziesii*
- Feldrittersporn, *Consolida regalis*
- Ringelblume, *Calendula officinalis*
- Garten-Feldrittersporn, *Consolida ajacis*
- Sonnenflügel, *Rhodanthe chlorocephala subsp. rosea*
- Kosmeen, *Cosmos bipinnatus*
- Sonnenblume, *Helianthus annuus*
- Großfiedrige Dahlie, *Dahlia x pinnata*
- Sommer-Phlox, *Phlox drummondii*
- Schwarzäugige Rudbeckie, *Rudbeckia hirta var. pulcherrima*
- Studentenblume, *Tagetes*
- Wilde Bergamotte, *Monarda*
- Trompetenzunge, *Salpiglossis sinuata*
- Landnelke, *Dianthus caryophyllus*
- Mohn, *Papaver*
- Zinnie, *Zinnia*

→ 1. Zinnie 2. Ziertabak 3. Wilde Möhre 4. Kapuzinerkresse 5. Großfiedrige Dahlie 6. Gartenstrohblume 7. Mohn 8. Studentenblume 9. Sonnenblume

In neue Erde kommen

Wie die meisten vorgezogenen Pflanzen profitieren auch einjährige Blumen davon, ein- bis zweimal umgepflanzt zu werden, bevor sie im Freien auf ihren endgültigen Platz gepflanzt werden. Mit einer Zwischenstation in einem neuen Topf mit frischer Erde können die Einzelpflanzen oder Gruppen noch einmal ordentlich wachsen, bevor sie hinaus ins Beet kommen. Wenn es so weit ist, sind sie schon richtig buschig und die Rabatten sind sofort mit üppigen Pflanzen gut gefüllt. Außerdem haben wir darüberhinaus die Erfahrung gemacht, dass umgepflanzte Sommerblumen schneller blühen als die, die keinen neuen Topf abbekommen haben.

Ein weiterer Vorteil ist, dass die Pflanzen widerstandsfähiger gegenüber Wetterumschwüngen und Schädlingsbefall sind. Das allein wäre schon Grund genug, die Pflänzchen umzupflanzen. Der Traum vom sommerlichen Blumenmeer soll ja nicht durch einen Frühlingsregen oder den Befall von Gemüseeulen ruiniert werden. In einem Jahr haben tatsächlich Gemüseeulenraupen, die sich eigentlich vor allem im Spätsommer auf Tomaten stürzen, all unsere Zinnien aufgefressen, die wir eben nicht umgepflanzt hatten.

Sommerblumen pflanzen wir meist nur einmal um, und zwar, wenn die Pflanzen ein paar Blätter haben und 2–10 cm hoch sind, je nach Art. Pflänzchen, die klein und traurig aussehen, profitieren stark vom Umpflanzen und können in einem neuen Topf mit frischer Erde wieder ganz lebendig werden, auch wenn sie nur ein paar Zentimeter groß sind.

Wir füllen Plastiktöpfe knapp über die Hälfte. Wir entfernen so viel alte Erde wie möglich von der Pflanze und setzen sie in den Topf, etwas tiefer als im Anzuchttopf. Wir füllen bis zum Rand mit Erde auf

← In der Kälte gesäte Pelargonien passen gut in Töpfe und Kästen.

und drücken sie leicht an. Man kann Pflanzen einzeln oder in Gruppen ziehen, wenn man sie auch so ins Beet setzen will oder einfach wenig Platz hat.

Es ist wichtig, nach dem Umpflanzen gut zu gießen. Am einfachsten geht das, indem man die Anzuchtkiste mit Wasser füllt. Dann stellt man die Töpfe ins Wasser und die neue Erde kann es von unten aufsaugen. So bekommen die Töpfe mehr Wasser als beim Gießen von oben. Natürlich kann auch von oben gegossen werden, wenn man das möchte, aber durch das Gießen von unten wird die Erde nicht so kompakt, sodass sie mehr Wasser speichern kann. Wenn die Erde genug Wasser aufgesogen hat, stellt man die Töpfe in einen anderen Kasten.

Die umgepflanzten Blumen stellen wir dann wieder zurück ins Kaltgewächshaus. Wenn es im Frühling einige Wochen lang fast so warm wie im Sommer ist, dürfen sie auch aus dem Gewächshaus, und zwar Tag und Nacht, damit sie keinen Hitzeschlag bekommen.

Der süße Sonnenflügel darf in Tuffs wachsen und profitiert wirklich vom Umpflanzen.

Umpflanzen

WANN: Im April und Mai, wenn die Pflanzen Blätter bekommen haben und (je nach Art) 2–10 cm hoch sind.

MAN BRAUCHT:

- ➔ Töpfe, 7–10 cm
- ➔ Anzuchterde
- ➔ Pflanzen
- ➔ Tischmesser
- ➔ Pflanzenetiketten und Stift
- ➔ Anzuchtkiste mit hohen Kanten
- ➔ Wasser
- ➔ Flüssigdünger (eventuell)

SO GEHT'S:

1. Die Töpfe zu 50–70 Prozent mit Erde füllen.
2. Mithilfe des Messers eine Pflanze oder eine Gruppe vorsichtig herausheben. Achten Sie darauf, die Wurzeln möglichst nicht zu beschädigen. Jede Pflanze/Gruppe in einen Topf pflanzen und rundherum Erde einfüllen – sie sollten etwas tiefer sitzen als im Aussaattopf.
3. Sorte und Datum auf ein Etikett schreiben und in die Erde stecken.
4. Eine Anzuchtkiste mit Wasser füllen und die Töpfe hineinstellen. Wenn Sie sich vollgesogen haben – man merkt es daran, dass sie schwer sind oder die Erdoberfläche dunkler geworden ist – das überschüssige Wasser auskippen oder die Töpfe in eine neue Kiste stellen.
5. Die Pflanzen wieder dorthin stellen, wo sie während der Keimzeit standen.
6. Schauen Sie häufig nach den Pflanzen und gießen Sie sie, wenn die Erde trocken aussieht. Es ist gut, wenn der Boden zwischen dem Gießen trocknet, damit Luft an die Wurzeln gelangt, aber nicht so sehr, dass die Pflanzen verdursten. Auch wenn Wurzeln längere Zeit im Wasser stehen, können die Pflanzen Schaden nehmen und im schlimmsten Fall sterben. Kleine Pflanzen sind am empfindlichsten. Überschüssiges Wasser kippt man am besten aus.
7. Geben Sie eventuell ein wenig Flüssigdünger ins Gießwasser.

Umzug ins Freie

Von Mitte Mai bis Mittsommer kommen unsere Sommerblumen draußen an ihre Plätze. Da die Blumen in der Kälte ausgesät wurden, sind sie an niedrige Temperaturen im Freien gewöhnt und wir müssen sie beim Auspflanzen nicht schützen. Es ist vor allem wichtig, dass die Pflanzen groß genug gewachsen sind, gern über zehn Zentimeter, damit sie Schädlingsbefall und Wind widerstehen. Blumen, die beim Auspflanzen etwas größer sind, entwickeln sich unserer Meinung nach schneller und besser als solche, die noch ganz klein ausgepflanzt wurden. Das gilt besonders, wenn sie aus einem Gewächshaus stammen, in dem es tagsüber warm war.

Bedeckter Himmel ist für das Auspflanzen ideal. Zu starke Sonneneinstrahlung kann kleinen, empfindlichen Pflanzen schaden. Wenn man aber befürchtet, dass das Klima im Garten zu streng ist, kann man es den Pflanzen leichter machen und ein Mulchvlies als provisorisches Zelt über sie legen.

Wir pflanzen gern durcheinander und finden, dass die einjährigen Blumen bei anderen Pflanzen, besonders Gemüse, oft das i-Tüpfelchen bilden. Wenn es Zeit zum Auspflanzen ist, beginnen wir mit den Gemüsepflanzen. Danach, oft mehrere Wochen später, erhalten die einjährigen Blumen ihren Platz. Wir setzen sie einzeln oder in Gruppen hier und dort, auf diese Weise entstehen interessante Mischungen und Formationen.

Es ist wichtig, dass man die Erde vor dem Auspflanzen vorbereitet. Dafür Unkraut jäten und die Erde mit einer Forke oder Ähnlichem lockern. Danach Kompost und/oder Pflanzenkohle und immer eine Art Dünger hinzugeben. Zum Abschluss alles mit einer Forke in die Erde einarbeiten.

→ Mit einer Reihe unterschiedlicher Blumen kann man schnell eine schöne Rabatte entstehen lassen.

Mehrere Liter Wasser ins Pflanzloch zu gießen, sorgt dafür, dass die Pflänzchen eine richtig gute Wasserreserve für die erste Woche im Freien erhalten.

Sollen Pflanzen auch an einer anderen Stelle gesetzt werden, wo die Erde „ungebraucht" ist, z. B. auf einen Fleck in einem Staudenbeet, kann man Unkraut jäten, mit einer Forke auflockern und nur oberflächlich Kompost und Dünger einbringen. Wir bereiten kleine Ecken von ca. 30 cm Durchmesser überall im Garten vor, um dort einjährige Sommerblumen zu pflanzen. So erhalten sie den bestmöglichen Start und können zwischen älteren Pflanzen strahlen, ein bisschen wie Solisten in einem Orchester.

Beim Einpflanzen lösen wir die Pflanzen aus ihren Töpfen und graben ein Pflanzloch, das etwas größer als der Topf ist. Zusammen mit der Topferde landen die Pflanzen in dem Loch. Sie sollten an ihrem

Auspflanzen

WANN: Im Mai und Juni.

MAN BRAUCHT:

- Komposterde und Pflanzenkohle (eventuell)
- festen Dünger nach Wahl
- Pflanzen
- Pflanzenetiketten und Stift
- Wasser

SO GEHT'S:

1. Bereiten Sie die Erde am ausgewählten Ort vor. Sandige Erde braucht ordentlich Kompost, gern sogar Pflanzenkohle dazugeben, bei lehmiger reicht viel Kompost.
2. Dünger in die Erde einarbeiten. Man kann Dung von Pferden, Kühen oder Hühnern verwenden oder eine Art pelletierten Dünger (achten Sie darauf, dass er keine Pyridincarbonsäuren enthält, s. S. 41).
3. Graben Sie ein Pflanzloch an der passenden Stelle. Es sollte etwas größer als der Topf sein.
4. Nehmen Sie die Pflanze aus dem Topf und stellen Sie sie mitsamt der Erde ins Pflanzloch. Gießen Sie ein paar Liter Wasser an.
5. Erde um die Pflanze anhäufen, sodass sie fest steht, dann Pflanzenschilder daneben stecken.
6. Noch mal mit einer Gießkanne mit Brausekopf gießen, sodass die Erde rundherum nass wird.
7. Nach dem Umpflanzen soll te man einmal wöchentlich gießen, 20–40 l pro Quadratmeter sind ausreichend. Lieber viel und selten als wenig und oft gießen, dann kommt das Wasser dorthin, wo es hinsoll – an die Wurzeln.

neuen Ort ungefähr genauso tief stehen wie in ihrem Topf, gern auch einen Tick tiefer. Bevor rund um die Pflanzen Erde angehäuft wird, gießt man noch ein paar Liter Wasser ins Pflanzloch. Damit ist sichergestellt, dass die Wurzeln wirklich Wasser bekommen und die Pflanze einen guten Start an ihrem ausgesuchten Platz hat. Dann noch einmal freigiebig alles um die Pflanze herum gießen. Heben Sie gern ein paar Reservepflanzen auf, falls etwas passieren sollte, also z. B. Tiere an ihnen fressen oder ein Unwetter sie umwerfen.

LAUFENDE PFLEGE

Ab jetzt geht es bei der Pflege von Sommerblumen vor allem darum, sie regelmäßig zu gießen. Man sollte jedes Mal richtig viel gießen, damit das Wasser die Wurzeln erreicht. Ahnt oder sieht man, dass die Pflanzen schlecht wachsen, kann darüber hinaus auch beim Gießen gedüngt werden. Am besten geschieht das oft, aber in niedriger Konzentration.

Den eigenen Urin zu sammeln und dann 1 : 7 bis 10 mit Wasser zum sogenannten Goldwasser zu mischen, funktioniert richtig gut, aber man kann auch aus Unkraut, Nesseln, Hühnermist oder diversen gekauften Düngern (achten Sie darauf, dass er keine Pyridincarbonsäuren enthält, s. S. 41) Düngewasser zum Gießen machen.

Viele Sommerblumen sind etwas höher und staksiger als andere Pflanzen und brauchen eventuell schon von Anfang an eine Art Stütze, z. B. einen Bambusstab, an dem man die Pflanze mit einer Schnur festbindet. Einen Ziertabak kann man an einer 40-cm-Pflanzenstütze befestigen, und eine Sonnenblume von 4 Metern braucht vielleicht eine kräftige Stange, um nicht umzuknicken. Außerdem muss man laufend Unkraut um die Pflanzen jäten und nach Schädlingsbefall suchen, noch bevor sie großen Schaden anrichten.

← Will man die Strohblumen trocknen, dann pflückt man sie kurz bevor sie sich ganz öffnen.

6

Sommersaat für späte Ernte

JUNI–AUGUST

Im Hochsommer stehen vielen Pflanzen in voller Pracht, für uns Gärtner ist es eine großartige Zeit. Wenn man außerdem früh genug ausgesät hat, kann man schon jetzt Gemüse und Sommerblumen ernten.

Während der ersten Jahre im Waldgarten haben wir meist im Frühling gesät und im Herbst geerntet, sodass im Sommer sehr viel zu tun war, was uns völlig fertig gemacht hat. Wenn es dann Herbst wurde, schafften wir es nicht mehr, die letzte Ernte einzubringen oder überhaupt noch zu gärtnern. Die Freiland- und die Holzrahmenbeete sahen wie Schlachtfelder aus. Verwelkte Pflanzen lagen in seltsam flachen Haufen herum, vertrocknete braune Samenkapseln standen Spalier und Grauschimmel und Mehltau breiteten sich aus. Ende September gingen wir dann Umwege, um das Elend nicht sehen zu müssen oder schauten wenigstens nicht hin, wenn wir daran vorbeimussten. Unsere Hoffnung war ein schneereicher Winter, der den Verfall gnädig zudeckt. Doch bei uns sind die Winter auch mal völlig schneelos. Wenn sich gegen Ende November die schlimmste Gartenunlust gelegt hatte, zogen wir einen Schlussstrich unter die Saison und begannen die nächste zu planen. In einem Jahr haben wir auch in den Gemüsebeeten aufgeräumt. Damals, irgendwann im November, haben wir

begriffen, dass die Pflanzen gar nicht alle tot waren. Pflanzen, die die Kälte nicht vertragen und verwelken, verdecken oft andere, die noch lebendig sind. Unter altem Pflanzendurcheinander entdeckten wir Karotten und Schwarzwurzeln. Petersilie und Thymian lebten auch noch. Unter lauter vertrocknetem Schnittlauch fanden wir gesunde und üppige Stängel.

Wir dachten, die Zuckererbsen an der Rankhilfe hätten schon lange aufgegeben, doch dann waren da ein paar neue, kleine Schoten und sogar die ein oder andere Blüte.

In diesem Herbst wurden die Abendessen plötzlich ganz anders. Ein kleiner Petersilienzweig schien echter Luxus, und etwas Thymian auf Roter Bete, die im November geerntet wurde, war ein echtes Gourmet-Essen. Wir bekamen fast ein schlechtes Gewissen, weil wir Umwege gegangen waren, um nicht zwischen den Beeten zu landen. Was, wenn die Pflanzen mehr Wasser gebraucht hatten als der Herbstregen bot? Was, wenn sie noch etwas größer geworden wären, hätten sie nur mehr Licht bekommen. Was, wenn man mehr Gemüse ernten könnte, weil es ein oder zwei Frostnächte übersteht? Wie viel Gemüse hatten wir in früheren Jahren einfach seinem Schicksal überlassen!

Das war ein Wendepunkt. Er öffnete uns die Augen dafür, dass man auch im Spätherbst noch Gemüse ernten kann. Wir begannen darüber nachzudenken, wie wir so viel wie möglich, so spät wie möglich ernten könnten. Im folgenden Jahr probierten wir einiges aus. Wir wollten aber im Sommer und Herbst nicht weniger ernten, sodass wir mehr Pflanzen für eine spätere Ernte anbauen mussten.

Ein Gartenfreund schlug vor, im Sommer Grünkohl anzuziehen, um ihn zu pflanzen, wenn wir die Kartoffeln ausgemacht hatten. Was für eine großartige Idee! Das Ergebnis war fantastisch, in dem Jahr konnten wir bis in den Januar Grünkohl ernten, dann halfen uns die Hasen. Außerdem hatten wir ein Beet weiterverwendet, das sonst ein-

← Es ist wunderbar, wenn man im Herbst draußen Salat ernten kann, den man im Sommer gesät hat.

Manchmal reicht der Garten nicht aus, dann säen wir in Kisten und Kästen. Diese etwas erhöhte Art des Anbaus hält die Schnecken ein bisschen auf Abstand. So müssen sie sich jedenfalls anstrengen, um an unseren Pflanzen zu fressen.

fach nur leer gestanden hätte. Es eröffneten sich ganz neue Möglichkeiten. Im folgenden Sommer säten wir Unmengen aus, sowohl direkt als auch in Töpfe und Kisten. Alles Mögliche, von dem wir dachten, dass es wie Grünkohl dem kalten Wind und Wetter widersteht und auch Pflanzen, die nicht so robust sind, aber schnell wachsen. Diese würden dann vor dem Frost geerntet. Bei der Suche nach einer üppigen und umwerfenden Herbst- und Winterernte verschwand die Gartenmüdigkeit, die wir früher empfunden hatten.

Heute verteilt sich unsere Gartenarbeit gleichmäßig übers ganze Jahr. Im Winter säen wir die ersten Sachen und noch mehr im Frühling. Wenn die Sommerblumen wachsen, die Stauden umgepflanzt wurden und die im Winter gesäten Gemüse gedeihen und einige davon erntebereit sind, nehmen wir unsere Samensammlung und säen erneut – unsere Sommersaat.

Unsere Pflanzen für die Sommersaat

Im Sommer auszusäen hat natürlich nichts mit Kaltkeimern zu tun, schließlich ist es dann nicht kalt. Hier geht es um die Ernte in der Kälte. Die Pflanzen werden gezogen, um im Herbst und sogar im Winter, wenn es richtig kalt ist, geerntet zu werden. Im Sommer finden sie Platz in Holzrahmenbeeten und im Freiland, wenn etwas anderes abgeerntet und die Fläche wieder frei ist. Verschiedenes hintereinander im selben Beet anzubauen, nennt sich Fruchtfolge. Manchmal schaffen wir drei, und zwar wenn wir zuerst vor allem auf schnell wachsendes Gemüse setzen wie z. B. Spinat nach Direkt- oder Winteraussaat, danach im Frühling gesäter Dill, Rucola und Salat. Als Letztes Fenchel oder vielleicht Rüben.

Unterschiedliche Pflanzen und sogar unterschiedliche Sorten vertragen unterschiedlich viel. Damit es richtig gut läuft und die im Sommer ausgesäten Gemüse sich lange in den Herbst und ein bisschen bis in den Winter hinein halten, sollte man die robustesten Sorten auswählen, gern solche, die sich schnell vom Samen bis zum fertigen Gemüse oder zur Blüte entwickeln. Unter den Samen, die wir im Sommer säen, findet sich Essbares genauso wie schnelle Sommerblumen, abhängig davon, wann wir im Sommer säen und was wir im Herbst genießen möchten.

Die meisten Pflanzen, die wir im Sommer säen, kann man auch schon früher in der Saison einbringen. Unser System beinhaltet, dass wir die Samentüten im Winter und Frühling nicht ganz leeren, sondern immer ein paar Samen für später zurückbehalten. Doch beim Bärlauch keimen die Samen ausschließlich im Sommer, unter der Voraussetzung, dass sie frisch von der Pflanze kommen. Alte Bärlauchsamen keimen selten und gekaufte fast nie. Beim Feldsalat ist die Sommersaat optimal. Das liegt daran, dass er seine Samen im Sommer verteilt und wenn wir das imitieren, sind die Pflanzen im Winter erntebereit. Auch der Mohn verteilt seine Samen im Sommer, und wenn wir ihn im Sommer säen, keimen die Samen im Herbst, ruhen im Winter und im darauffolgenden Jahr wachsen dann wunderbar kräftige Pflanzen.

Gemüse, das blüht, wenn die Tage am längsten sind, kann man gut im Sommer säen, gern von Mitte Juni bis Ende Juli, wenn die Nächte langsam wieder länger werden. Spinat, Pak Choi, Salatkohl, Rucola, verschiedene Blattkohlarten und Fenchel gehören zu dieser Kategorie. Wenn man Glück hat, lassen sie das Blühen ganz sein und setzen stattdessen auf große Blätter, kräftige Stiele oder Knollen. Die meisten Samen säen wir zwischen Mittsommer und der zweiten Juliwoche. Kohlsorten, die einen Kopf bilden sollen, säen wir manchmal schon Anfang Juni, weil es länger dauert. Blattgemüse wie Spinat, Rucola, Feldsalat, Koriander, Dill und Blattkohl kann man im August und sogar noch Anfang September säen. Sie wachsen schnell und man muss mit der Ernte nicht warten, bis sie groß genug sind.

Die eigentliche Aussaat unterscheidet sich kaum von der bei niedrigeren Temperaturen. Man kann direkt aussäen oder Gemüse und Sommerblumen vorziehen. Wir kombinieren beides und säen Schnellwachsendes wie Rucola, Radieschen, Dill und Möhren direkt an eine freie Stelle im Beet. Pflanzen, die sich kräftig entwickeln sollen, wie verschiedene Kohlsorten, Fenchel, Bete und Rüben, ziehen wir am liebsten vor. Dann können wir stattliche Pflanzen auspflanzen, die so einen Vorsprung vorm Unkraut haben und hoffentlich gierigen Schädlingen standhalten. Sommerblumen ziehen wir meistens vor, aber manchmal säen wir in Gruppen hier und da direkt ins Beet (s. S. 162–164).

Durch das Vorziehen kann man seinen Anbau effektiver machen. Wenn man ausrechnet, wann etwas ungefähr erntereif ist und dadurch das Beet frei wird, kann man planen, wann man die Pflanzen, die als Ersatz dorthin kommen sollen, säen muss. Wenn dann geerntet wurde, hat man bereits Pflanzen, die man in die Lücken setzen kann.

IM FREIEN VORZIEHEN

Da alles, was wir im Winter und Frühjahr in der Kälte ausgesät haben, jetzt an seinen Platz ausgepflanzt wurde, haben wir viele leere Töpfe und Plastikschalen für die Sommeraussaat, die zu jedem Zeitpunkt im Sommer geschehen kann. Man muss nur daran denken, bei Gemüse, das recht lange bis zur Erntereife braucht, nicht zu spät anzufangen.

Zum Vorziehen benutzen wir auch hier, wie immer, die Plastikschalen aus dem Supermarkt. Anzuchterde, Komposterde oder Gartenerde eignet sich sehr gut für die Sommeraussaat. Nachdem wir die Samen in Gruppen oder gleichmäßig verteilt ausgesät haben, gießen wir sie ordentlich.

Die Außentemperaturen sind im Sommer für die meisten Pflanzen vorteilhaft, deswegen sind geschützte Plätze wie Gewächshäuser nicht nötig. Man kann die Samentöpfe genauso gut irgendwo auf einem Tisch in eine Anzuchtkiste stellen. Auf dem Boden geht das auch, aber dann ist das Risiko, dass Schnecken und Mäuse sich daran gütlich tun, größer. Wenn Sie ein großes Gewächshaus mit guter Belüftung haben, können Sie die Samen dorthinein stellen.

SALATAUSSAAT IM SOMMER

Salat kann im Sommer gesät werden, braucht aber eine Spezialbehandlung. Da die Samen nur bei relativ niedrigen Temperaturen keimen, ist es am besten, wenn man die Aussaat nach dem Gießen in eine Plastiktüte packt und dann für ungefähr eine Woche in den Kühlschrank stellt. Danach kann sie ohne Plastiktüte nach draußen. Salat profitiert außerdem davon, umgepflanzt zu werden, bevor er in den Garten gesetzt wird.

FRUCHTFOLGE

Durch die Fruchtfolge nutzt man ein Beet besonders gut, indem man dort mehrmals hintereinander pflanzt oder sät. Das ist praktisch, wenn man nur begrenzten Platz zur Verfügung hat oder seinen Gemüseanbau und die Ernte maximieren will. Hier ein paar Vorschläge zur Fruchtfolge:

GEMÜSE 1	GEMÜSE 2	GEMÜSE 3
Feldsalat (Sommersaat)	Brokkoli (Wintersaat)	Mini-Pak-Choi/Blattkohl
Spinat (Direktaussaat – Januar	Fenchel/Kohlrabi	Rucola/Salat/Radieschen
Spinat (Direktaussaat – Januar)	Mais/Zuckerrohr	
Knoblauch (Herbstpflanzung) Frühkartoffeln	Bete	
Grünkohl	Grünkohl	
Frühkartoffeln	Bete	Spinat
Radieschen (Direktaussaat im Winter)	Mangold	
Lauch (überwintert)	Kopfkohl	
Pak Choi/Rucola/Salat (Wintersaat)		

Um keine Zeit zu verschwenden, denken wir vorausschauend und säen früh genug, sodass die Pflanzen bereit sind, wenn das Beet leer wird. Wenn man mit Fruchtfolgen arbeitet, muss man besonders gut darauf achten, dass die Erde immer nährstoffreich genug ist. Deswegen ist es wichtig, vor jeder Aussaat oder Pflanzung die Erde extra zu bereichern oder durchgehend mit etwas Dünger zu gießen.

DIREKTAUSSAAT IM SOMMER

Im Sommer sind die Beete voller Pflanzen, die die Sonne lieben. Das bedeutet, dass Samen es schwer haben, wenn man sie dort sät, wo andere Pflanzen Schatten werfen. Besser ist es, einen Platz mit einer recht großen Leerfläche zu wählen oder eine Ecke, in der auch die kleinen Pflanzen Sonne abbekommen.

Wenn die Erde im Laufe der Saison gut gedüngt wurde, kann man riskieren, direkt dort zu säen, aber wenn man auch nur einen kleinen Zweifel hat, sollte man Komposterde einarbeiten und einen festen Dünger. Nach der Aussaat und üppigem Gießen ist es gut, in der ersten Zeit zu Hause oder in der Nähe der Beete zu bleiben. Die kleinen Samen dürfen nicht austrocknen, man muss oft gießen, besonders, wenn die Tage warm und sonnig sind.

Folgen Sie der Anleitung für die Direktaussaat auf S. 142–143.

Die Ecke eines Holzrahmenbeets ist der perfekte Platz für die Direktaussaat. Hier haben wir Koriander gesät.

Säen

WANN: Sommerblumen können im Juni und Juli gesät werden. Gemüse von Ende Mai bis September, je nach Klima und wie lange sie zum Wachsen brauchen.

MAN BRAUCHT:

- ➔ Töpfe/Plastikschalen mit Loch im Boden
- ➔ Anzuchterde und eventuell Sand
- ➔ Samen
- ➔ Pflanzenetiketten und Stift
- ➔ Anzuchtkiste mit hohen Kanten
- ➔ Wasser

SO GEHT'S:

1. Die Töpfe bis ca. 1 cm unterhalb der Kante mit Anzuchterde füllen.
2. Die Samen auf der Erde verteilen. Wenn Sie einzelne Pflanzen möchten, verstreuen Sie sie gleichmäßig. Wenn es Pflanzentuffs werden sollen, dann säen Sie in Gruppen von 3–20 Samen, je größer die Samen, umso weniger pro Gruppe. Abstand zwischen den Gruppen: 2–5 cm.
3. Die Samen mit einer 0,3–1 cm dünnen Schicht Anzuchterde oder Sand bedecken. Je kleiner die Samen, umso dünner die Schicht.
4. Sorte und Datum auf ein Pflanzenetikett schreiben und in die Erde stecken.
5. Eine Anzuchtkiste mit Wasser füllen und die Töpfe hineinstellen. Wenn Sie sich vollgesogen haben – man merkt es daran, dass sie schwer sind oder die Erdoberfläche dunkler geworden ist –kann man das überschüssige Wasser auskippen oder die Töpfe in eine neue Kiste stellen.
6. Die Kiste mit den Samen draußen an einen geschützten Ort oder in ein luftiges Gewächshaus oder Ähnliches stellen.
7. Wenn die Samen keimen, muss regelmäßig gegossen werden, damit die Erde feucht bleibt. Schauen Sie also gern täglich nach den Samen, um eventuell 1–3 cm Wasser unten in die Kiste zu gießen. Man kann auch vorsichtig von oben gießen. Wenn alles Wasser aufgebraucht ist, gießt man ebenso viel dazu.

Spenat

Muss man umpflanzen?

Wenn man Pflanzen vorzieht, muss man sie nicht zwingend umpflanzen, aber wenn man es doch tut, werden die Pflanzen kräftiger und haben bessere Startbedingungen als die nicht umgepflanzten, weil sie dann schon größer sind.

Bei uns ist es oft eine Frage der Zeit. Manchmal sind die Pflanzen im Beet noch nicht erntereif, wie eigentlich geplant, dann kann man seine Sommersaat auch noch mal umpflanzen, sodass sie in einem neuen Topf mit nährstoffreicher Erde und mehr Platz für die Wurzeln größer wird. Wenn die Situation umgekehrt ist und sich im Beet plötzlich Lücken auftun, überspringen wir das Umpflanzen und pflanzen die Setzlinge direkt in die Erde. Oft machen wir beides und behalten ein paar umgepflanzte Exemplare als Reserve für Unvorhergesehenes zurück oder aber um sie später zu setzen.

Beim Umpflanzen benutzen wir meistens frische Anzuchterde, aber auch Erde, die wir bereits haben, z. B. Gartenerde oder Komposterde. Jede Einzelpflanze oder Gruppe darf in einem eigenen Topf voller Erde weiterwachsen. Mit einem Messer kann man die Pflanzen leicht anheben, sie dann im Topf in ein Loch geben und drumherum Erde verteilen. Am besten taucht man den Topf dann ins Wasser, damit er ganz durchnass wird. Dafür füllt man eine Anzuchtkiste mit recht viel Wasser und stellt dann nach und nach die einzelnen Töpfe mit den umgepflanzten Setzlingen hinein. Wenn alle Töpfe eine Weile im Wasserbad gestanden haben und schwer genug sind, kippen wir das Wasser aus oder stellen die Töpfe in eine neue Kiste. Das überschüssige Wasser fließt aus den Töpfen in die Kiste, wo man es lassen kann, damit die Pflanzen es später aufsaugen können. Man kann auch von oben gießen, wenn man möchte.

← Bohnenkraut lässt sich gut in der Gruppe umpflanzen.

Die umgepflanzten Sommersaaten stellen wir meist nach draußen, an denselben Platz, wo sie während der Keimzeit standen. Die Töpfe sollten die ganze Zeit in einer Anzuchtkiste stehen, damit es leicht ist, sie feucht zu halten.

Wenn das zusätzliche Wasser in der Kiste aufgebraucht ist, sollte man wieder ein paar Zentimeter angießen. Wenn alles Wasser aufgesogen wurde, gießen wir weiterhin von unten, aber manchmal auch von oben mit einem Brausekopf.

Das rote Krebsmesser ist ein perfektes Hilfsmittel beim Umpflanzen und leicht zu finden, sollte man es mal im Kompost verlieren.

Umpflanzen

WANN: Wenn die Pflanzen ein paar Blätter haben und 2–15 cm hoch sind, je nach Pflanze, können sie umgepflanzt werden.

MAN BRAUCHT:

- Töpfe, 7–10 cm
- Anzuchterde, Gartenerde oder Komposterde
- Pflanzen
- Tischmesser
- Pflanzenetiketten und Stift
- Anzuchtkiste mit hohen Kanten
- Wasser
- Flüssigdünger (eventuell)

SO GEHT'S:

1. Die Töpfe zu 50–70 Prozent mit Anzuchterde füllen.
2. Mi dem Messer eine Pflanze oder Gruppe vorsichtig herausheben. Achten Sie darauf, die Wurzeln nicht zu beschädigen. Jede Pflanze/Gruppe in einen Topf pflanzen und rundherum Erde einfüllen – sie sollten etwas tiefer sitzen als im Aussaattopf.
3. Sorte und Datum auf ein Etikett schreiben und in die Erde stecken.
4. Eine Anzuchtkiste mit Wasser füllen und die Töpfe hineinstellen. Wenn Sie sich vollgesogen haben – man merkt es daran, dass sie schwer sind oder die Erdoberfläche dunkler geworden ist – überschüssiges Wasser auskippen oder die Töpfe in eine neue Kiste stellen.
5. Die Pflanzen wieder hinstellen, wo sie während der Keimzeit standen oder an eine andere passende Stelle, d. h. an einen geschützten Platz im Garten, in einen ungeheizten Wintergarten, ein Kaltgewächshaus oder Ähnliches.
6. Schauen Sie so häufig nach den Pflanzen und gießen Sie sie, wenn die Erde trocken aussieht. Es ist gut, wenn der Boden zwischen dem Gießen trocknet, damit Luft an die Wurzeln gelangt, aber nicht so sehr, dass die Pflanzen verdursten. Aber auch wenn Wurzeln länger im Wasser stehen, können die Pflanzen leiden und schlimmstenfalls sterben. Kleine Pflanzen sind am empfindlichsten.
7. Wenn die Pflanzen nicht sofort in den Garten gesetzt werden können, ist ein bisschen Dünger im Gießwasser von Vorteil. (s. S. 37).

Umzug ins Beet, Hochbeet oder Freiland

Sobald sich im Beet eine Lücke auftut, ist es Zeit fürs Auspflanzen. Man kann natürlich auch in einen Kasten oder einen großen Topf pflanzen. Egal wo, man muss jedenfalls nicht auf eine bestimmte Pflanzengröße oder auf eine bestimmte Außentemperatur warten, die Pflanzen sind das Klima im Freien ja gewöhnt. Will man den Pflanzen noch einen kleinen Schubs geben, dann kann man warten, bis es wolkig oder schattig ist. Manchen Pflanzen, beispielsweise Salat, fällt es schwer, sich von einem Sonnenschock in den ersten Stunden zu erholen. Wenn es ein heißer Tag ist und der Platz im Beet sehr sonnig, ist es meist am besten, erst am Abend zu pflanzen, wenn die Sonne untergeht und nicht mehr so stark scheint. Man kann einzelne Pflanzen auch mit einem Stück Wellpappe oder Ähnlichem beschatten. Größere Pflanzen und solche, die umgepflanzt wurden, vertragen starke Sonne oft besser als solche, die direkt aus der Anzuchtkiste ausgepflanzt werden.

Es ist immer wichtig, die Erde vor der Aussaat oder dem Auspflanzen vorzubereiten. Manchmal hat man bereits maximal gedüngt und viel Kompost oder Pflanzenkohle dazugegeben, dann ist es nicht mehr so entscheidend, noch weitere Nährstoffe zuzufügen. Aber der Nährstoffgehalt hängt auch davon ab, was vorher an dieser Stelle gewachsen ist. Manche Pflanzen zehren die Erde stark aus, während andere viel bescheidener sind. Wenn man beim Düngen eher an der unteren Menge geblieben ist oder unsicher ist, ob die Nährstoffe im Boden für eine neue Pflanzengeneration ausreichen, ist es immer gut, dem Beet eine neue Ladung Dünger zu verpassen. Sandige Erde ist oft sehr nährstoffarm, egal, wie viel Dünger und Kompost man auch einarbeitet. Lehmige Erde hingegen speichert die Nährstoffe länger und enthält schon viele wichtige Mineralien, die für das Pflanzenwachstum entscheidend sind.

Soll eine große Fläche bepflanzt werden, kann man ordentlich Kompost und/oder Pflanzenkohle einarbeiten und danach auch Dung von Kuh, Pferd, Hühnern oder Schafen oder auch einen pelletierten oder Flüssigdünger verwenden. Wenn man eine kleine Fläche bepflanzt, wie die Ecke eines Holzrahmenbeets, kann man genau dort, wo man die Pflanzen setzen möchte, etwas Dünger und Kompost in die Erde einbringen. Es ist wichtig, eventuelles Unkraut zu jäten.

Grünkohl wird nach der Kartoffelernte gesetzt, als Folgekultur innerhalb der Fruchtfolge.

Man kann auch kleinere Anzuchtkisten und Töpfe bepflanzen. Wir geben auf 5 l Erde in der Regel 1–3 Esslöffel pelletierten Dünger oder 100 g Dung. Eine Alternative zu festem Dünger ist Flüssigdünger im Gießwasser über die Saison hinweg. Ein guter Tipp ist, die Töpfe oder Kisten zum Schutz vor Schnecken auf einen Tisch oder Ähnliches zu stellen.

GIESSEN UND JÄTEN

Ab jetzt geht es darum, seine Pflanzen zu pflegen und regelmäßig die in den Garten gesetzten Pflanzen und eventuell auch noch die Reservepflanzen in Töpfen und Kisten zu gießen. Man muss richtig viel gießen, damit das Wasser wirklich bis zu den Wurzeln vordringt. Außerdem kann man dabei zusätzlich düngen, also ab und zu etwas Flüssigdünger (s. S. 37) ins Wasser geben.

Schauen Sie immer wieder mal bei den Pflanzen vorbei und jäten Unkraut. Es kann auch nötig sein, die Pflanzen zu stützen und hochzubinden. Es ist ohnehin gut, ständig durch die Beete zu gehen, um im Blick zu haben, was passiert, vielleicht wird eine Pflanze gerade angegriffen? Im Sommer sind meist mehr Schädlinge unterwegs als im Frühling und Herbst.

SOLAR-BEWÄSSERUNGSSYSTEM

Eine bequeme Art im Sommer zu gießen ist ein Solar- Bewässerungssystem. Es gibt fertige Systeme, die man dann mit einer großen Wassertonne verbindet.

Auspflanzen

WANN: Ende Juli bis Ende September, abhängig davon, was gesät wurde und wann Platz im Beet ist.

MAN BRAUCHT:

- ➔ Komposterde und/oder Pflanzenkohle
- ➔ festen Dünger nach Wahl
- ➔ Pflanzen
- ➔ Pflanzenetiketten und Stift
- ➔ Wasser

SO GEHT'S:

1. Bereiten Sie die Erde am ausgewählten Ort vor, indem Sie Unkraut jäten und die Erde mit einer Forke etwas auflockern. Sandige Erde braucht ordentlich Kompost, gern sogar Pflanzenkohle dazugeben, bei lehmiger reicht viel Kompost.
2. Dünger in die Erde einarbeiten. Man kann Dung von Pferden, Kühen oder Hühnern verwenden oder eine Art pelletierten Dünger (achten Sie darauf, dass er keine Pyridincarbonsäuren enthält, s. S. 41).
3. Graben Sie ein Pflanzloch an der passenden Stelle. Es sollte etwas größer als der Topf sein.
4. Nehmen Sie die Pflanze aus dem Topf und stellen Sie sie mitsamt der Erde und allem ins Pflanzloch. Gießen Sie ein paar Liter Wasser an.
5. Erde um die Pflanze anhäufen, sodass sie fest steht und stecken Sie Pflanzenschilder daneben.
6. Noch mal mit einer Gießkanne mit Brausekopf gießen, sodass die Erde rundherum durchnass wird.
7. Nach dem Umpflanzen sollte man bis zum Spätherbst einmal wöchentlich gießen. Lieber viel und selten als wenig und oft gießen, dann kommt das Wasser dorthin, wo es hinsoll – an die Wurzeln.

Was wir in der Wärme säen und in der Kälte ernten

- → Basilikum*
- → Bete
- → Blattkohl
- → Brokkoli
- → Dill
- → Epazote
- → Fenchel
- → Grünkohl
- → Kai-lan
- → Koriander
- → Kohlrabi
- → Steckrübe
- → Speiserübe
- → Mangold
- → Möhren
- → Fuchsschwanzgewächse
- → Pak Choi
- → Meerrettich (im Freien, in Töpfen)
- → Petersilie
- → Kartoffeln (Setz-)
- → Bärlauch
- → Rucola
- → Radieschen
- → Winterrettich
- → Salatkohl
- → Salat (Stratifikation)
- → Sibirischer Blattraps
- → Zuckererbsen
- → Bohnenkraut
- → Spinat
- → Spitzkohl
- → Schwarzkohl
- → Speiserüben
- → Steckzwiebeln
- → Thymian
- → Gemüseportulak*
- → Winterportulak
- → Feldsalat

Sommerblumen, die in der Wärme gesät und in der Kälte geschnitten werden

- → Liebeshainblume, *Nemophila menziesii*
- → Ringelblume, *Calendula officinalis*
- → Sonnenflügel, *Rhodanthe chlorocephala subsp. rosea*
- → Kosmee, *Cosmos bipinnatus*
- → Sonnenblume (niedrige Sorten), *Helianthus*
- → Studentenblume, *Tagetes*
- → Mohn, *Papaver*

* Kann im Sommer gesät werden, muss aber geerntet werden, bevor es im Herbst zu kalt wird.

→ 1. Brokkoli 2. Salatkohl 3. Gelbe Bete 4. Salat 5. Spitzkohl 6. Feldsalat 7. Speiserüben 8. Grüner und lila Grünkohl 9. Fenchel

7

Kalt ernten

SEPTEMBER–APRIL

Kurz vor der Herbsternte, wenn der Garten vor Essbarem überquillt, kommt der nächste Schritt – die Erntezeit so lang wie möglich auszudehnen. Zu Anfang dachten wir, wir müssten das meiste vor dem ersten Frost und zu vielen Minusgraden ernten, weil die alles ruinieren würden. Also trockneten wir, froren und legten ein. Auf jede leere Fläche im Haus kam Gemüse. Als wir mit dem Anbau begannen, hatten wir noch einen Erdkeller, in dem all die Gläser landeten. Stellen Sie sich lauter Gläser mit Gemüse und Obst auf den Regalen vor, schon großartig, aber in den meisten Gläsern befand sich mehr oder weniger dasselbe.

Als wir in einem Sommer zu viele Rote Bete angepflanzt hatten, war die Ernte enorm. Gläser voller Bete füllten die Regale im kleinen Erdkeller. Ein paar waren mit extra viel Nelken, gedacht für Weihnachten, die anderen neutraler. Diese Rote Bete aßen wir über mehrere Jahre hinweg. Danach hatten wir erst mal genug davon. Dass man es auf späte Ernte abgesehen hat, heißt ja nicht, dass man einen Überfluss von einem einzigen Gemüse möchte. Nein, man will gerade so viel, dass man es nicht leid wird.

Ein Teil der Ernte eignete sich nicht zum Einmachen, Einkochen oder Entsaften. Das wurde dann kurz blanchiert und eingefroren. Wir

↗ Eingelegte Rote Bete kann superlecker sein, aber wenn man zu viele Gläser eingemacht hat, wird es langweilig.

haben auch versucht, manches zu trocknen. Getrocknete Lebensmittel nehmen kaum Platz weg, und die eigentliche Trocknung geht schnell, wenn man einen Holzofen hat. Wir haben fein geschnittenes Gemüse, Pilze und anderes auf einen Rahmen mit feinmaschigem Netz gelegt, bei uns war es ein Fliegengitter. Den haben wir mit etwas Abstand über den Holzofen gehängt und nach wenigen Stunden war das meiste knochentrocken. Ein Ofen oder Dörrautomat geht natürlich auch, dauert aber länger und verbraucht Strom. Auch wenn getrocknetes Gemüse nicht so schmeckt wie frisch, für Suppen und Eintöpfe eignet es sich gut. Und Trockenobst kann man ins selbst gemachte Müsli tun.

Das, was man gar nicht lagern, sondern nur sofort frisch essen kann, wie Salat und anderes Blattgemüse, hat uns ziemliches Kopfzerbrechen bereitet, bis uns mehrere kreative Lösungen einfielen. Blattgemüse, das mit etwas Wasser in Plastiktüten im Kühlschrank aufgehoben wird, kann bis zu einer Woche und länger frisch und knackig bleiben, wenn man immer wieder verwelkte Blätter entfernt und die anderen mit frischem Wasser abspült. Gemüse mit einem Stiel oder Stängel kann man bei Zimmertemperatur für ein paar Tage in Wasser stehen lassen.

Aber mit der Zeit stellten wir fest, dass die beste Art bei vielen Gemüsesorten ist, sie nicht panisch erntet, sobald Kälte vorhergesagt wird. Wenn man sie weiter im Beet leben lässt, wo sie ans Klima gewöhnt sind, halten sie sich viel länger, als wenn man sie erntet und ins Haus bringt. Sobald man eine Pflanze abschneidet, hält sie sich nicht mehr lange. Um herauszufinden, wie lange die Gemüsesorten draußen bleiben können, mussten wir das Schicksal herausfordern und die Pflanzen im Beet lassen, bis sie aufgaben. Auf diese Weise erhielten wir schließlich einen guten Überblick, verloren auf dem Weg dahin allerdings einiges Essbares. Aber mit Blick auf alle kommenden kalten Jahreszeiten war es das wert.

Die Ernte maximieren

Oft hat man eine ganz klare Vorstellung davon, wie Gemüse bei der Ernte auszusehen hat, und nicht selten hat die ihren Ursprung im Lebensmittelladen. Es kann eine Weile dauern, bis man mit dem eigenen Gemüse zufrieden ist, denn es kann sich in Geschmack und Farbe vom gekauften unterscheiden, sodass man glaubt, es sei etwas „hässlicher" und mickriger. Doch normalerweise wird man über die Zeit toleranter. Das selbst angebaute Gemüse schmeckt meist besser als das gekaufte, und wir sind mit den Jahren wählerischer geworden und wollen, dass Brokkoli grüner schmeckt, dass Blumenkohl etwas pfeffrig sein soll und Kartoffeln nicht so feucht und süßlich.

Mit der Zeit lernt man, wie und wann man geschickt erntet. Wenn man Gemüse schonend erntet, z. B. immer nur einige Salatblätter auf einmal, Basilikum nicht zu tief abschneidet oder, nachdem man den Kohlkopf abgedreht hat, die Pflanze in der Erde lässt, kann man öfter von einer Pflanze ernten. Man muss keine neuen heranziehen, was ein großer Gewinn ist, weil bereits eingewachsene Pflanzen kräftigere Wurzeln haben.

Man kann auch so ernten, dass manche Gemüsesorten mehr produzieren. Wir pflücken beispielsweise große grüne Tomaten und lassen sie im Haus nachreifen, dadurch kann die Pflanze mehr Tomaten produzieren, ohne schlapp zu machen. Im Frühling (in ihrem zweiten Jahr) schneiden wir regelmäßig die Blütentriebe von Grünkohl und Kohlröschen ab, sodass sie weiter zarte, leckere Spitzen treiben. Wir pflücken stetig Erbsenschoten und Bohnenhülsen, was die Pflanze zu weiteren Blüten anregt, aus denen dann wieder Schoten werden. Man kann auch damit aufhören, halbtote Pflanzen brav aus den Beeten zu reißen und lässt sie stattdessen stehen. Mit etwas Glück überleben manche den kalten Winter und lassen sich dann erneut abernten.

← Lässt man eine Kopfkohlpflanze stehen, nachdem man den Kopf geerntet hat, produziert sie oft 4–6 neue Miniköpfe. Das bedeutet eine größere Ernte und das auch über einen längeren Zeitraum.

ERNTEGEDANKEN

Pflanzen haben einen starken Überlebenswillen, das kann man ausnutzen, um die Ernte zu verlängern und zu vergrößern.

Pflanzen, bei denen verschiedene Teile essbar sind

ROTE BETE, MÖHREN UND RADIESCHEN baut man wegen der leckeren Wurzeln an, und es kann dauern, bis man die genießen kann – außer bei den Radieschen, die in ein paar Wochen reif sind, wenn man die richtige Sorte wählt. Aber bis es so weit ist, kann man einiges ernten. Das Kraut dieser drei Gemüsesorten kann man nutzen, während sie noch wachsen. Wenn man alles auf einmal abschneidet, die Pflanze sozusagen skalpiert, dann ist man selbst schuld, wenn keine Knollen entstehen. Aber wenn man immer nur ein bisschen nimmt, muss sich das nicht negativ auf die Pflanze auswirken. Zarte Blätter von Roter Bete oder Radieschen sind lecker als Salat, und Möhrenkraut kann zu Pesto werden.

Wenn RUCOLA, den wir im Winter oder Frühling säen, blüht, ist noch nicht alles vorbei. Die gelben Blumen, die im Mai auftauchen, sind mindestens genauso lecker und schmecken außerdem auch noch leicht süß nach Nektar. Und auch wenn die Pflanze blüht, kann man weiter unten immer noch Blätter ernten. Dasselbe gilt für viele andere Pflanzen wie FRÜHLINGSZWIEBEL, SCHNITTLAUCH, DILL, LUFTZWIEBEL UND KORIANDER. Oft baut man sie wegen der Blätter oder der feinen Röhren an, aber sie verfügen über weitere Qualitäten. Die Blüten von Schnittlauch und Frühlingszwiebel sind delikat, wenn man sie in etwas Öl mit Salz anbrät, bevor sie aufblühen, und die Minizwiebeln oben an der Luftzwiebel kann man im Sommer essen und zu Perlzwiebeln verarbeiten. Koriander und Dill nennen wir Doppelgewürz, weil sie zu unterschiedlichen Zeitpunkten Blätter und Samen mit unterschiedlichem Geschmack bieten.

Pflanzen, die man einmal erntet

PASTINAKEN, SPEISERÜBEN, TOPINAMBUR, KOHLRABI, WINTERRETTICH, SCHWARZWURZEL UND HAFERWURZEL. Manche Pflanzen kann man nur einmal ernten, meist sind das Wurzeln oder Knollen. Zu dieser Kategorie gehört die Pastinake, deren Blätter zusammen mit Sonnenlicht zu Brandwunden führen können. Bei den restlichen Gemüsen dieser Gruppe ernten wir auch nur die Wurzeln oder Knollen, weil wir die Blätter nicht so lecker finden.

Auch SONNENBLUMEN gehören zu den Pflanzen, die man nur einmal erntet. Gilt das nicht auch für KARTOFFELN? Jein. Weil man immer ein paar Knollen übersieht, die dann bis zum nächsten Jahr überleben, sind Kartoffeln zu einem Joker geworden. Egal wie viel wir ernten, ein paar Knollen bleiben immer in der Erde, die in der nächsten Saison neue Kartoffeln produzieren.

Pflanzen, die nach der Ernte weiterwachsen

ERBSEN, BOHNEN, TOMATE UND BROKKOLI. Das sind die flexiblen Traumgemüse eines Selbstversorgers. Indem man immer nur ein bisschen auf einmal erntet, kann das die Pflanze anregen, mehr und über einen längeren Zeitraum zu produzieren. Am deutlichsten merkt man das bei Stangenbohnen und Zuckererbsen, die oft neue Schoten entwickeln, wenn man die alten pflückt. Aber auch große Tomatenpflanzen liefern oft mehr, wenn man die reifen, grünen Früchte zum Nachreifen im Haus pflückt.

Brokkoli hat außerdem die gute Eigenschaft, nach der Ernte für eine weitere zu sorgen. Zuerst entwickelt sich der Brokkolistrauß in der Mitte. Wenn der abgeschnitten wurde, dauert es nicht lang, bis kleine Seitentriebe mit kleineren Sträußchen wachsen. Wenn man die Ernte vergisst, werden aus den Röschen struppige Blütenstiele. Am besten man kappt den ganzen Stängel und wartet auf neue Seitentriebe.

SALAT, KOPFKOHL, GRÜNKOHL, FENCHEL UND BLATTKOHL. Wenn man bei diesen Pflanzen so erntet, dass man die Pflanze mit Wurzeln und einem Teil des Stängels stehen lässt, kann man mehr und länger ernten. Wird ein Kopfkohl abgedreht oder behutsam abgeschnitten und dabei einige Blätter und Wachstumsstellen stehen gelassen, bilden sich oft neue Blätter und Miniköpfe. Wir konnten schon bis zu einem halben Kilo mehr Kohl pro Pflanze ernten, den Rekord hält ein 11,7-Kilo-Kohl in einem doppelten Holzrahmenbeet.

SCHNITTLAUCH UND FRÜHLINGSZWIEBELN halten länger, wenn man sie laufend abschneidet und sie nicht zur Blüte und Samenproduktion kommen lässt. Für Zwiebelgewächse gilt das vor allem im Frühling und Sommer.

Pflanzen, die grösser werden, je mehr man erntet

BASILIKUM ist ein Vorzeigeexemplar für einc Pflanze, die sich verzweigt und größer wird, je mehr man erntet. Das gilt sowohl für gekaufte wie für selbst gezogene Pflanzen. Schneidet man so, dass in den Blattachsen noch mindestens zwei Blätter sitzen, kann die Pflanze von dort neue Triebe ausbilden. So kann man lange weitermachen und je mehr man erntet, umso breiter wird die Pflanze.

Auch bei GEMÜSEPORTULAK, NEUSEELÄNDER SPINAT, BOHNENKRAUT, ANIS-YSOP, SHUNGIKU sowie im Prinzip allen Kräutern funktioniert das, wie auch bei Blumen wie ZINNIEN UND KOSMEEN.

GEFRORENES GEMÜSE

Wenn man Gemüse bei Frost, manchmal bei tiefen Minusgraden erntet, ist es wichtig, dass es vor der Verarbeitung langsam auftaut. Wir lassen unser Gemüse immer ein paar Tage im Kühlschrank liegen. Bei einem zu abrupten Wechsel von kalt auf warm verlieren manche Gemüse die Konsistenz und werden schlapp.

Schädlinge und andere Plagegeister

Nicht immer können wir Gärtner die Früchte unserer Mühen genießen. Viel kann von der Aussaat zur Ernte passieren. Es kann sein, dass die Samen gar nicht oder nur schlecht keimen. Dann sollte man seine Vorgehensweise überprüfen und analysieren, ob man irgendetwas verbessern kann: vielleicht eine andere Erde, einen anderen Aussaatzeitpunkt, einen anderen Platz oder mehr oder weniger gießen. Manchmal sind auch die Samen selbst schlecht, aber wirklich nicht immer.

Die nächste Herausforderung taucht auf, wenn die Pflanzen gewachsen sind. Im Freiland können Erdflöhe, Schnecken, Kaninchen, Wühlmäuse, Hasen und andere Tiere sich an den zarten Pflanzen gütlich tun, und zwar zu jeder Jahreszeit. Sogar im Gewächshaus oder unter einem Mulchvlies kann das passieren. In einem Jahr fraß eine Maus all unsere Erbsen im Gewächshaus. Die Maus hatte die Erbsen aus den Töpfen gegraben, noch bevor die überhaupt keimen konnten. Ein anderes Mal wurden Brokkoli- und Spitzkohlpflanzen zu Wühlmausfutter – vier Holzrahmenbeete wurden Anfang Mai von kräftigen, im Winter gesäten Pflanzen leer geputzt. Wenn wir viel Kompostmaterial ausgebracht haben, suchen manchmal Vögel im Beet nach Würmern. Ihr gieriges Wühlen und Scharren mit Beinen und Schnäbeln hat schon manche Pflanze zerstört. Manchmal können sogar Katzen, die aus einem Beet ihre Toilette machen wollen, zum Problem werden, oft bevorzugen sie frisch umgegrabene Erde.

Mulch kann den Befall durch Erdflöhe hemmen, Zäune Kaninchen und Hasen aussperren, Schnecken kann man mit Scheren, Messer, Bierfallen und Nematoden bekämpfen und Mausefallen gegen

Manchmal läuft es nicht wie geplant. Die Knollenselleriepflanzen standen im Schatten und haben sich kaum entwickelt. Aber auch kleines Gemüse ist Gemüse!

Nager aufstellen. Hühnerdraht macht es scharrenden Vögeln schwer, und dornige Rosenzweige kann eine Katze dazu bringen, ihr Geschäft woanders zu verrichten.

Später tauchen andere Albträume auf. Kohlmotte, Kohlweißling und Gemüseeule haben Raupen, die vor allem Kohl knabbern, aber die Letzte frisst alles, auch Tomaten. Die Gemüseeule ist heimtückisch, weil sie sich gut getarnt zwischen den Blättern versteckt. Die Raupen können schon im Mai auftauchen und bis in den Oktober ihr Unwesen treiben. Wenn man sieht, dass Pflanzen oder Früchte angeknabbert sind und kleine Kothäufchen herumliegen, kann man ziemlich sicher sein, dass es sich um Raupenbefall handelt. Schütteln Sie die Pflanze, schauen Sie dann auf den Boden und vernichten Sie das Ungeziefer. Man sollte auch unter den Blättern nachsehen, da kann man sowohl Raupen als auch kleine, gelbe Eier entdecken.

DIE MACHT DES WETTERS

Ostern 2016 war es bei uns richtig kalt mit drei Nächten hintereinander bei fast 10 Grad minus. Ein Drittel unserer in der Kälte gesäten Tomaten und der Gemüseportulak erfroren, aber alle anderen Pflanzen überstanden es. Auch wenn die meisten in der Kälte gesäten Pflanzen ein paar Minusgrade problemlos schaffen, kann eine Standheizung in einem Gewächshaus oder ein Folientunnel in kalten Nächten Wunder bewirken. Wenn Ihre Aussaat in kleineren Räumen steht, können ein paar Grabkerzen oder eine Petroleumlampe die Wärme halten, passen sie dabei aber auf, kein Feuer zu entfachen. Im Freien hat der Kopfkohl einen innerlichen Frostschaden abbekommen, den man von außen nicht sieht. Das ist bei uns passiert, als es Ende November und Anfang Dezember zu Kälteeinbrüchen kam. Dreimal ist es während unserer Gartenjahre passiert, dass im Juni und August Hagel die Pflanzen zerstört hat. Gegen die Macht des Wetters hilft es oft, zu viele Pflanzen zu haben, sodass man über eine Reserve zum Auspflanzen verfügt.

Manche Gärtner schützen ihre Pflanzen mit Netzen oder Mulchvlies, aber wir nicht. Einerseits setzen wir Bakterien gegen Kohlmotte und Kohlweißling ein (kann man unter dem Namen Raupenfrei oder Turex kaufen), andererseits versuchen wir, den Befall so früh wie möglich zu erkennen und uns der Raupen und Eier zu entledigen.

Blattläuse sind häufige Besucher, die an unseren Pflanzen knabbern wollen. Draußen ist der Befall nie so heftig, da das Wetter und natürliche Feinde wie Marienkäfer, Florfliegen und Wespen die Anzahl begrenzen. Doch in einem Gewächshaus können sie sich oft ungehindert ausbreiten. Das liegt daran, dass sie dort wüten können, ohne großartig von natürlichen Feinden und dem Klima daran gehindert zu werden. Man kann Blattläuse im Gewächshaus in den Griff bekommen, wenn man sie frühzeitig entdeckt und Feinde wie z. B. Gallwespen aussetzt. Im Internet kann man verschiedene Nützlinge kaufen.

Schnecken, egal welcher Art, können richtig lästig sein. Die Spanische Wegschnecke in großer Menge kann in kurzer Zeit sehr viel im Garten zerstören. Keine Ahnung, wie viel von uns im Sommer Gesätes über die Jahren von ihnen gefressen wurde, bis in den November hinein. Aber auch kleine Ackerschnecken können problematisch sein. Bei uns kriechen sie in die Kohlköpfe und da man sie von außen nicht sieht, können sie ziemlich viel Schaden anrichten. Leider entdeckt man das erst, wenn man die Köpfe erntet und der Schaden schon da ist.

Wenn die Blumen blühen und das Gemüse reift, kann es passieren, dass die nächsten Schmarotzer im Garten auftauchen – Menschen! Am häufigsten wurden wir bestohlen, als wir in der Stadt angepflanzt haben, aber wir wurden auch schon im Waldgarten beklaut.

Es verschwanden Maiskolben, Kartoffeln wurden ausgegraben, Paprika gepflückt oder Blumen ausgerissen oder abgeschnitten. Um die Diebstähle zu minimieren, haben wir Schilder aufgestellt, dass es sich um ein Privatgelände handelt. Vielleicht könnten auch ein oder zwei Schilder helfen, auf denen steht, dass man mit Urin gießt, falls man das der ganzen Nachbarschaft erzählen will. Andererseits gibt es Menschen, die von Schildern sogar angezogen werden.

Am besten man hält die Augen offen, um zu sehen, wann es geschieht und wer dahintersteckt. Oft bleiben die Diebe stur, obwohl man sie ertappt hat. Nicht selten behaupten sie, sie hätten nicht gemerkt, dass es Privatgelände ist oder finden, dass sie ein Recht auf das Gemüse hätten, z. B. weil sie meinen, wir hätten es schon längst ernten müssen. Es kann unangenehm sein, diese Menschen mit ihren Taten zu konfrontieren, aber normalerweise kommen sie nach einer klaren Ansage nicht mehr zurück.

Wenn Herbst und Winter kommen, tauchen mehr vierbeinige Mitgeschöpfe in unseren Beeten auf. Rehe, Damhirsche, Wildschweine, Kaninchen und Hasen sind die häufigsten Besucher, und wenn sie

→ Leider ist unfreiwillige Erntehilfe nicht selten. Rehe und Hirsche können ziemlich rücksichtslos sein.

So ein kleiner Korb kann entscheidend sein, und diesen blauen Scheinmohn wollten wir unbedingt schützen.

Hunger haben, sind sie beharrlich. Manchmal schauen sogar Füchse und Dachse vorbei, wenn wir Bokashikompost untergraben, besonders im Spätherbst. Sie stöbern darin und fressen den Abfall. Hoffentlich wurde noch nicht gesät, sonst muss man das erneut tun. Elche und Wildschweine sehen wir hier nicht so oft. Damhirsche scheinen es als Tradition anzusehen, irgendwann im Oktober und November allen übrig gebliebenen Kohl zu fressen, während Rehe und Hasen immer mal wieder ein bisschen knabbern. In der Stadt sind es meist Kaninchen und Hasen, die übrig gebliebenes Gemüse anfressen – je kälter es ist, umso mehr fressen sie. Die einfachste Art, ungebetene Gäste abzuhalten, ist, einen Zaun um die Beete zu ziehen. Wir haben es halbherzig mit Kompostgittern und Hühnerdraht versucht, das hat so lala funktioniert. Überraschend häufig kamen die Tiere durch, wenigstens mit ihrem Kopf und haben die Pflanzen trotzdem angefressen. Kräftige Pfosten und ein Wildzaun sind wohl das Allerbeste, wenn man so einen heftigen Zaun um seinen Garten mag. Dieses Jahr probieren wir ein Radio mit einem Sprechkanal in den Beeten im Waldgarten aus. Ein befreundeter Gärtner in einem Gartenforum hatte mit dieser Abschreckungsmethode in vergangenen Jahren schon Erfolg.

Auch Krankheiten können die Pflanzen befallen, und die können je nach Jahreszeit mehr oder weniger katastrophal sein. Grauschimmel, Mehltau (s. S. 210) und Kartoffelmehltau sind ebenfalls unwillkommene Gäste. Wie der Name schon sagt, betrifft Kartoffelmehltau vor allem Kartoffeln. An den Blättern tauchen braungrauschwarze Flecken auf. Wenn man es zulässt, breitet sich die Krankheit bis zu den Knollen aus und zerstört sie. Es ist empfehlenswert, die Blätter der betroffenen Kartoffel zu entfernen, sobald man Anzeichen der Krankheit bemerkt, die darf man dann nicht auf den Kompost oder die Beete tun. Auch Tomatenpflanzen sind gefährdet, und als wir sie im Freien angebaut haben, waren sie stärker befallen als die Kartoffeln.

Große Pflanzen halten einem Befall meist besser stand als kleinere, und ein aufmerksamer Gärtner, der eine Extrarunde durch den Garten macht, hat mehr Erfolg bei der Bekämpfung von Schädlingen und Krankheiten als jemand, der eher selten da ist. Es gilt, den Befall möglichst früh abzuwehren und ihn zu verhindern. Je mehr Missgeschicke uns passiert sind, umso besser haben wir gelernt, mit dem Problem umzugehen.

Stehen lassen und später ernten

Im Herbst wird das Klima immer strenger und die hellen Stunden immer weniger. Die Kombination dieser beiden Faktoren führt dazu, dass man nicht mehr erwarten kann, dass alles, was noch im Beet steht, genauso stark wächst wie im Hochsommer, als das Licht intensiv und die Wärme hilfreich waren. Manches Gemüse wächst schon seit Frühlingsanfang, anderes haben wir im Sommer gesät, das hatte also keine Zeit, so groß zu werden. Aber auch klein kann es lecker und sättigend sein. Und das Gefühl, Selbstgezogenes zu essen, wird nicht von der Menge oder Größe bestimmt, jedenfalls nicht für uns.

Wenn der Herbst kommt, ist es gut, sich ein paar taktische Gedanken zur zukünftigen Ernte zu machen. Wenn Sie fleißig ausgesät haben, sind Ihre Beete wahrscheinlich übervoll und die Vorratskammer ebenfalls. Ein guter Tipp ist, vorausschauend zu ernten. Das, was ziemlich kälteempfindlich ist und die Sonne am meisten vermisst, können Sie großzügig ernten, während Sie das, was sich länger im Beet hält, eher sparsam ernten. Damit ist davon noch etwas übrig, wenn das andere erfroren ist.

SEINEN GARTEN KENNENLERNEN

Wenn Ihre Beete dort liegen, wo der Winter lang und sehr kalt ist, der Herbst schnell nach dem Sommer und der Frühling erst spät kommt, können Sie vielleicht nicht so viele unterschiedliche Gemüsesorten so spät ernten wie wir. Unser Tipp ist, die im Sommer gesäten Pflanzen in einem Gewächshaus oder unter einem Folientunnel wachsen zu lassen. Dann kann man im Herbst sicher noch länger ernten, weil die Pflanzen dort besser geschützt sind als im Freien.

← Alle Gemüsesorten, die Minusgrade aushalten, bleiben im Beet, bis wir sie brauchen. Hier haben wir Rotkohl, roten Spitzkohl, Lauch, Grünkohl und Schwarzkohl geerntet.

UNTERSCHIEDLICHE WIDERSTANDSFÄHIGKEIT

Bei unseren Tests, wie lange sich verschiedene Pflanzen halten, kam heraus, dass sie sich in Kategorien einteilen lassen: Die, die am schnellsten aufgeben, die bis zu null Grad mitmachen, die ein paar Frostnächte vertragen und die, die längere Zeit Minusgrade vertragen. Es gibt eine Gruppe richtig harter Kerle – die Winterharten.

Geben am schnellsten auf

FRÜHE FRÜHLINGSBLUMEN. Zu den Pflanzen, die am schnellsten aufgeben, gehören Riesenmohn, Kugel-Primel und andere frühe Frühlingsblumen. Dabei geht es nicht darum, dass die Kälte sie umbringt, es ist einfach ihr Lebenszyklus.

SPARGEL erntet man im Frühling und Frühsommer, danach entwickelt er Stiele voller Blättchen, die im Herbst verwelken.

BASILIKUM, das im Freiland oder in größeren Pflanzkisten wächst, kann in einem frühen Stadium, manchmal sogar noch im Sommer, so einige Angriffe erleiden, oft von Schnecken. Wir haben die Erfahrung gemacht, dass Basilikum in Töpfen länger lebt. Ende August und Anfang September kann ein bis dahin gesundes und frisches Basilikum hellere Blätter oder dunkelgraue Flecken bekommen. Dann weiß man, dass seine besten Tage vorbei sind. Basilikum mag keine Kälte. Eine Pflanze kann man im September von draußen ins Gewächshaus holen, damit sie länger hält. Am besten, man erntet so viel wie möglich von dem, was noch übrig ist, bevor die Blätter und Stiele schlecht werden. Suchen Sie Rezepte mit viel Basilikum. Man kann sowohl Pesto als auch Basilikumblätter einfrieren, aber die Blätter verlieren dabei stark an Geschmack.

ZUCCHINI UND GURKE. Nach dem Basilikum machen meist die Blätter von Zucchini und Gurken schlapp. Sie vertragen die Kälte einfach nicht. Nun gehören Gurke und Zucchini auch nicht zu den Pflanzen, die man kalt anbauen kann, aber es ist doch gut, wenn man weiß, dass sie bei Kälte nicht zu retten sind. Die Früchte können sich noch deutlich länger halten, aber die toten Blätter möchte man doch ausputzen, sie machen den Garten sehr hässlich.

GEMÜSEPORTULAK hält tiefe Temperaturen auch nicht aus. Geht es unter 5 Grad werden die Blätter gelb und die Pflanze hängt.

STANGENBOHNEN UND DICKE BOHNEN. Die Blätter welken, aber die Bohnenhülsen halten sich noch eine Weile. Im September und Oktober lassen wir meist ein paar hängen, um die voll ausgereiften Bohnen dann zu trocknen. Selbst wenn die Pflanzen wie Laubhaufen aussehen, dürfen sie noch eine Weile im Beet stehen bleiben. Wenn den Bohnenhülsen Schimmel droht, kann man die besten ins Haus holen und an einem luftigen Ort trocknen.

STROHBLUMEN verwelken und werden schwarzbraun. Um sie zu erhalten, muss man sie kurz vorm Aufblühen pflücken und dann trocknen. Trocken können sie ewig halten.

STAUDEN. Wenn die Temperatur immer mal wieder einstellig wird, verwandeln sich Beete und Rabatten in eine Herbstlandschaft. Eine Staude nach der anderen bekommt gelbe Blätter, und Blüten, mit oder ohne Samen, vertrocknen. Bei uns erwischt es als Erstes die Funkien. Zunächst werden die Blätter dekorativ gelb, dann legen sie sich flach auf die Erde. Tag- und Schwertlilien verwelken auf dieselbe Weise. Andere Pflanzen werden sofort braun, z. B. Großblütige Betonie, Pfingstrose, Herbstanemone, Fingerhut, Steppensalbei und die blaue Kugeldistel. Die legen sich nicht platt nieder, sondern ihre Stiele bleiben stehen. Akelei, Farne und Storchschnabel verkümmern nach und nach. Zum Schluss geben die grünen Blätter der Primeln auf und breiten sich grün auf der Erde aus. Unter manchen Sorten kann man runde Knospen entdecken, die Kraft für den Frühling tanken.

ZUM HERBST GEHÖRT SCHIMMEL

Zwei Krankheiten, die sich schnell ausbreiten, sobald es etwas kälter wird, sind Mehltau und Grauschimmel. Mehltau zeigt sich in Form weißer Flecken z. B. auf Gurkenpflanzen und Erbsen. Meist sind die Blätter betroffen, aber es kann auch Erbsenschoten treffen. Es ist einfach so, dass Mehltau zum Saisonende auftritt.

Grauschimmel ist aggressiver. Er befällt vor allem Pflanzen, die schon ein bisschen welk oder beschädigt sind, sodass der Schimmel einen Angriffspunkt hat. Er legt sich wie ein grauer Nebel nieder, der bei Berührung ein bisschen staubt. In unserem Garten sind Zinnien, Erdbeeren, Basilikum und Tomaten oft von diesem Schimmel befallen.

In einem engen, vollen Gewächshaus mit schlechter Belüftung kann sich der Grauschimmel im Herbst auch dort ausbreiten, fast wie ein Lauffeuer. Man kommt dann schnell auf die Idee, Blätter abzuschneiden, damit mehr Luft zwischen die Pflanzen kommt, aber wenn man das tut, findet der Schimmel schnell die Schnittkante. Um dem Elend zu entgehen, sollte man darauf achten, dass das Gewächshaus trockener und wärmer ist, sowohl vor als auch nach dem Ausbruch.

Machen bis null Grad mit

Wenn die empfindlichsten Pflanzen die Segel gestrichen haben, sind die Tage der meisten gezählt sind. Jetzt heißt es also, die abzuernten, die als Nächstes mit Tod und Elend dran sind. Pflanzen können auch launisch sein, oder vielleicht ist es auch das Wetter, das dafür sorgt, dass manche in bestimmten Jahren früh verwelken und in anderen noch recht ungemütliche Temperaturen aushalten.

MAIS. Die Pflanze vertrocknet und verwelkt, wenn die Temperaturen sinken, aber die Maiskolben können sich noch eine ganze Weile daran halten.

KÜRBISSE UND MELONEN. Stiele und Blätter verlieren die Lebendigkeit, aber die Früchte halten noch.

TOMATEN. Die Tomaten, die noch an den Pflanzen hängen, kann man pflücken. Es ist egal, ob sie rot oder grün sind. Die grünen reifen im Haus noch nach, jedenfalls wenn sie Zeit hatten, relativ groß zu werden. Wir haben es schon erlebt, dass Tomaten sich in manchen Jahren draußen bis in den November hielten, aber zur Sicherheit versuchen wir, sie zu pflücken, bevor die Pflanze stirbt.

ERBSEN. Manchmal sind Erbsen äußerst tapfer und schaffen auch noch ziemlich niedrige Temperaturen. Wir ernten laufend die Schoten, die wir sofort essen wollen. Wenn wir Erbsen trocknen möchten, lassen wir die voll reifen Schoten so lange wie möglich an der Pflanze, gern bis sie die Farbe verlieren, trocken werden und rascheln.

ERDBEEREN UND WALDERDBEEREN sind Stauden, die im nächsten Jahr wiederkommen. Manche bekommen schon ziemlich früh im Herbst braune Blätter, andere bleiben fast wintergrün. Einige

Tomaten müssen nicht an der Pflanze zu Ende reifen. Man kann sie grün pflücken, wenn sie groß genug sind.

Sorten bilden noch relativ spät in der Saison Beeren, während andere sie früh produzieren. In einem Jahr konnten wir im November noch ein paar Erdbeeren ernten, in einem anderen waren der Grauschimmel oder hungrige Tiere schneller.

RHABARBER. Bevor wir gut düngen konnten, verwelkte der Rhabarber immer im Juli, doch seitdem wir den Sommer über fleißig vor allem mit Goldwasser gießen, haben wir Pflanzen, die bis Ende September neue Blätter treiben. Irgendwann im Oktober liegen die Blätter leblos auf dem Boden, aber die Pflanze selbst ist noch lebendig, da sie eine Staude ist. Nach einem Winter, in dem sie Kraft in den Wurzeln gesammelt hat, treibt sie wieder neue, leckere Stiele.

SOMMERBLUMEN. Obwohl man einjährige Blumen Sommerblumen nennt, können sie fast den ganzen Herbst über blühen. Das ist besonders toll, weil viele Stauden, wenigstens die in unserem Garten, dann nicht mehr blühen. Ein paar echte Dauerläufer sind Ziertabak, Kosmeen, Großes Löwenmaul und Dahlien.

Vertragen ein paar Frostnächte

Egal wie warm und schön der Herbst auch ist, am Ende kommt der Frost doch in den Garten. In manchen Jahren kann das ziemlich früh sein. In Gärtnerforen werden Frostwarnungen ausgegeben und dann macht sich Panik breit. Wenn wir uns um alles gekümmert haben, was keinen Frost verträgt, können wir dem ganz ruhig entgegensehen. Ansonsten müssen wir uns beeilen oder uns bewusst sein, dass wir vielleicht den Erntezeitpunkt verpasst haben. Das Schöne ist, dass es mehrere Pflanzen gibt, die einige Frostnächte überstehen, ohne aufzugeben.

SALAT. Salat, der im Winter oder Frühling gesetzt wurde, hat im Herbst schon geblüht und ist verwelkt. Aber der, den wir im Sommer oder Anfang Herbst gesetzt haben, kann noch im Oktober richtig gut sein, bei uns manchmal sogar noch im Dezember.

→ Oktoberernte: Brokkoli, Rote Bete, Knollensellerie, Rucola, Salat, Schwarzkohl, Grünkohl, Kohlröschen, Rosenkohl und Neuseeländer Spinat.

RUCOLA, BLATTKOHL, SCHWARZKOHL, GRÜNKOHL, SALATKOHL, RADIESCHEN, GELBE, ROTE UND BUNTE BETE können auch nach ein paar Frostnächten alle Zutaten für einen Herbstsalat sein.

KRÄUTER. SCHNITTLAUCH, PETERSILIE, OREGANO UND MINZE können wir noch lang in den Herbst hinein ernten.

STAUDEN UND SOMMERBLUMEN. Blühende Wiesen und Beete sind nach ein paar Nächten mit Minusgraden Vergangenheit. Vielleicht blüht höchstens die ein oder andere Fetthenne noch, und es ist auch nicht völlig ausgeschlossen, dass zwischen all dem Verfall noch Tagetes oder Ziertabak aufleuchtet.

Vertragen längere Zeit Minusgrade

Wenn der Herbst vorbei ist und der Winter vor der Tür steht, beginnt das echte Abenteuer. Jetzt kann man wirklich von einer kalten Ernte sprechen. Es sind keine großen Mengen mehr, aber es landet doch noch einiges Essbares im Erntekorb.

Jetzt gibt es nur noch wenige Sonnenstunden, draußen ist es ziemlich kalt und alles Wachstum ist eingestellt. Man kann sehen, wie manche Gemüsesorten einfrieren und zwar ganz bleiben, aber kein bisschen weiterwachsen. Sie stehen da, als sei nichts geschehen. Erstarrt, als würden sie nur darauf warten, dass es wärmer und heller wird, um dann erneut zu wachsen anzufangen. Doch das geschieht nicht, denn der Winter kommt.

BROKKOLI. Als wir das erste Mal Brokkoli im Herbst angebaut haben, wurden wir überrascht. Es war viel einfacher, ein Röschen abzubrechen, wenn es gefroren war, und er konnte lange stehen bleiben, mit etwas Glück sogar bis Februar.

KOHL. Wir dachten, den Kopfkohl hätte ein böses Schicksal ereilt, als er ein paar hässliche Blätter bekam, doch die Mitte hinter den Blättern war intakt.

Wie lange Spitzkohl, Weißkohl und Rotkohl sich halten, hängt von der Sorte ab und davon, wie wechselhaft das Winterwetter ist. Ein wechselhafter Winter mit Jo-Jo-Wetter, wie wir es nennen, wenn die Temperatur ständig zwischen Minus- und Plusgarden wechselt, ist die größte Gefahr für unser gefrorenes Gemüse. Unserer Erfahrung nach ist Wirsing der Kopfkohl, der sich am längsten hält. Bei uns war er sogar bis zum März noch gut, da haben wir die letzten Köpfe geerntet. Natürlich kann es sein, dass er sich noch länger gehalten hätte, aber wir wollten nicht, dass die Hasen ihn anknabbern und hatten große Lust auf den Geschmack.

WURZELGEMÜSE. Hier kann das große Problem sein, das Wurzelgemüse aus der Erde zu bekommen. Wenn die festgefroren ist, muss man eventuell auf milderes Wetter waren. Man kann frühzeitig im Herbst Stroh oder Heu auflegen, um den Bodenfrost zu mildern und um etwas Zeit zu gewinnen, bis es dann richtig friert. Tief in der Erde geht es dem Wurzelgemüse oft gut, es ist feucht, kalt und dunkel genug, um zu überleben und lecker zu bleiben. Wenn sich dann noch Wühlmäuse und Maulwürfe fernhalten, können sie ziemlich sehr lange stehen bleiben.

Zu dem Wurzelgemüse, das noch vor dem Winter geerntet werden muss, weil es sonst zu streng wird, gehören Steckrübe, Speiserüben und Kohlrabi, wir ernten sie oft direkt vor Weihnachten. Man sollte auch Möhren und Petersilienwurzeln vor Weihnachten ernten, weil sie den Winter nicht immer überleben, jedenfalls nicht bei uns.

IM SOMMER GESÄTER SPINAT kann noch richtig gut schmecken, auch wenn der Frost an den Blättern genagt hat.

BLATTKOHL. Sogar verschiedene Arten Blattkohl können wir in unseren Beeten noch ernten und zusammen mit Spinat, Frühlings- oder Luftzwiebeln wird daraus ein guter, einfacher Salat, viel später im Jahr als man dachte.

Die Winterharten

Jetzt geht's um die ganz harten Kerle. Neben Schmuckstauden und mehrjährigen, essbaren Pflanzen gibt es eine Gemüsegruppe, die den Winter nicht nur überlebt, sondern die man auch mitten in der kalten Jahreszeit ernten kann. Es hängt natürlich auch davon ab, wie kalt es dort wird, wo man wohnt und wie dick die Schneedecke im Garten ist.

GRÜNKOHL ist ein richtig tolles Wintergemüse, das durch ein paar Minusgrade sogar noch besser wird. Trotz der Kälte steht er hübsch gekraust da. Wie viele andere Kohlarten kann er im nächsten Jahr erneut sprießen. Er überlebt, weil er zweijährig ist, und nach der Entwicklung von leckeren Blättern im Frühling setzt er ganz darauf, zu blühen und Samen zu produzieren. Wenn man die Triebspitze immer wieder abschneidet, kommt es nicht zur Blüte und man kann die leckeren Spitzen essen.

LAUCH, der ebenfalls zweijährig ist, kann sich einen ganzen Winter hindurch und bis in den Frühling halten, aber es kann nötig sein, ihn einzuzäunen. Oft ist der Lauch im Frühling kräftiger als der im Herbst und auch begehrter, weil man im Frühling weniger ernten kann als im Winter. Zur Lauchernte kann man entweder auf mildes Wetter warten und ihn mitsamt den Wurzeln herausziehen oder ihn bei Frost so weit unten wie möglich abschneiden. Mit etwas Glück wächst er erneut heran und kann wieder geerntet werden. Das gilt auch dann, wenn man lange vor dem Winter geerntet oder ein Tier sich an ihm gütlich getan und nur einen Stumpf zurückgelassen hat. Am besten lässt man den stehen, denn es kann gut sein, dass er im Frühling erneut austreibt.

FRÜHLINGSZWIEBEL, LUFTZWIEBEL UND SCHNITTLAUCH. Diese Zwiebelfamilie schafft es in einem kalten Winter mit andauernden Minusgraden zwar nicht, ihr Laub grün und knackig zu halten, aber in einem milden Winter kann es schon klappen. Im Frühling gehören sie zu den ersten Pflanzen, die wieder austreiben.

← Wenige Zwiebelgewächse sind so ausdauernd wie Lauch, aber passen Sie auf Hasen auf.

ROSENKOHL UND KOHLRÖSCHEN/KALETTE. Zu unseren absoluten Winterlieblingen gehören die Cousinen Rosenkohl und Kohlröschen, die am ganzen Stängel Miniköpfe oder Blattrosetten bilden. Sie haben eine sehr lange Entwicklungszeit, deswegen gehören sie zu unseren frühesten Winteraussaaten. Wenn der nächste Winter kommt, haben die Miniköpfchen und Blattrosetten Erntegröße erreicht. Das Kohlröschen ist für uns der Kohlkönig, es scheint auch tiefste Minusgrade auszuhalten. Große, kräftige Pflanzen standen in Holzrahmenbeeten auf dem Dach mitten in Västerås und blieben von einer Temperatur von ungefähr 15 Minusgraden unbeeindruckt. Den ganzen Winter über haben wir leckere Blattrosetten geerntet, und als dann der Frühling kam, beschenkte es uns noch mal mit zarten Trieben. Bekommt der Rosenkohl zu wenig Dünger, Sonne oder Zeit, glänzen die Köpfchen manchmal durch Abwesenheit oder sind so klein, dass sie sich nicht als Rosenkohl qualifizieren. Ein Tipp ist, mit der Ernte so lange wie möglich zu warten, damit die Pflanze im Frühling vielleicht noch mal ein bisschen wächst. Wir haben noch bis Ende März Köpfchen geerntet.

ROTKOHL UND WIRSING. In manchen Jahren haben sowohl Rotkohl als auch Wirsing bei uns fast den ganzen Winter überstanden. Am robustesten ist der Wirsing. Oft werden die äußeren Blätter des Kopfkohls hässlich, und man glaubt schnell, dass das Innere auch schlecht ist. Da kann man sich jedoch täuschen und darunter steckt der beste Kohlkopf. Es kann allerdings auch umgekehrt sein, der Kopf sieht toll aus, aber wenn man ihn aufschneidet, haben Schnecken oder Ohrwürmer gewütet und jedes Blatt angefressen. Wenn man Kopfkohl schonend erntet (s. S. 195), bilden sich hoffentlich um die Schnittfläche Blattrosetten. Diese Blätter kann man ernten, solange sie frisch aussehen. Wenn man den Winter über schonend erntet, zeigen sich diese Blattrosetten oft im Frühling.

WINTER-BOHNENKRAUT UND THYMIAN. Wenn kein Schnee liegt oder sich die Schneedecke leicht beiseitewischen lasst, kann man sowohl Winter-Bohnenkraut als auch Thymian ernten, zwei fantastische Kräuter, die wintergrün sind. Für uns die Rettung aller winterlichen Rotweinsoßen.

FELDSALAT ist unter dem Schnee noch knackig und lecker.

KARTOFFELN, TOPINAMBUR, HAFERWURZEL, MEERRETTICH, PASTINAKEN UND SCHWARZWURZEL. Wenn man in der Erde graben kann, findet man wahrscheinlich noch die ein oder andere Kartoffel, Topinambur oder Wurzel. Wenn der Boden steinhart gefroren ist, kann man mit der Ernte warten. Die Wurzelgemüse bleiben einfach da, wo sie sind. Aus den Kartoffeln werden hübsche, neue Pflanzen, die entweder stehen bleiben oder vorsichtig umgepflanzt werden. Das Wurzelgemüse bietet oft eine frühe Ernte, und aus dem kleinen Herbstgemüse hat die Zeit Frühlingsgemüse gemacht – großartig!

SO LANGE HALTEN SICH GEMÜSESORTEN

(Manchmal gehen die Pflanzen ein, aber die Früchte lassen sich noch ernten.)

GEBEN ALS ERSTE AUF

- → Bärlauch
- → Basilikum
- → Blumenkohl
- → Dicke Bohnen
- → Gemüseportulak
- → Gurke
- → Koriander
- → Radieschen
- → Rosmarin
- → Spargel
- → Stangenbohnen
- → Strauchbohnen
- → Zucchini

VERTRAGEN TEMPERATUREN BIS NULL GRAD

- → Dill
- → Echter Meerkohl
- → Erbsen
- → Erdbeeren
- → Fuchsschwanzgewächse
- → Kalikraut
- → Kerbel
- → Kürbis
- → Mais
- → Melone
- → Rhabarber
- → Shungiku
- → Tomate
- → Walderdbeeren

VERTRAGEN EIN PAAR FROSTNÄCHTE

- → Bunte Bete
- → Fenchel
- → Gelbe Bete
- → Kai-lan
- → Kohlrabi
- → Mangold
- → Minze
- → Pak Choi
- → Petersilie
- → Petersilienwurzel
- → Radieschen
- → Rote Bete
- → Rucola
- → Salat
- → Salatkohl
- → Schnittlauch
- → Schwarzkohl
- → Shiso
- → Steckrübe
- → Weiße Bete
- → Zuckerrohr

VERTRAGEN MINUSGRADE ÜBER LÄNGERE ZEIT

- → Blattkohl
- → Brokkoli
- → Epazote
- → Frühlingszwiebel
- → Kartoffeln
- → Kohlrabi
- → Luftzwiebel
- → Möhren
- → Rotkohl
- → Sibirischer Blattraps
- → Speiserübe
- → Speiserüben
- → Spinat
- → Spitzkohl
- → Steckrübe
- → Weißkohl
- → Wirsing

HALTEN SICH GUT ÜBER WINTER

- → Feldsalat
- → Grünkohl
- → Haferwurzel
- → Kohlröschen/Kalette
- → Lauch
- → Luftzwiebel
- → Pastinaken
- → Rosenkohl
- → Schwarzwurzel
- → Thymian
- → Topinambur
- → Winter-Bohnenkrautt

8

Samen für die Aussaat sammeln

SEPTEMBER–NOVEMBER

Seit wir aufgehört haben, im Herbst hektisch den Garten aufzuräumen, haben wir nicht nur viele Überlebende in den Beeten, sondern auch viele Samen. Zunächst haben wir uns nicht sehr darum gekümmert, aber als wir dann im Frühling Mini-Tomatenpflanzen auf dem Kompost entdeckten und Mini-Kohlpflänzchen in Pflanzkisten und Akeleirosetten an völlig anderen Stellen als dort, wo wir sie gesetzt hatten, war unser Interesse geweckt.

Unser erster Instinkt war, verwelkte Blüten abzuschneiden, bevor sie Samen entwickelten, die sich ungestört ausbreiten würden. Aber oft vergaßen wir es, und die Samen fielen zu Boden und keimten dort, wenn die Bedingungen stimmten. Wir kümmerten uns um die kleinen Lebewesen, gossen sie, pflanzten sie teilweise um und düngten sie am neuen Ort. Diese Pflanzen wurden zu einem überraschenden Erfolg. Wenn die Pflanzen sich selbst um die Verteilung ihres Samens kümmern, werden diese Nachkommen ganz besonders schön.

Zufällig kamen wir mit der Organisation Sesam in Kontakt, die selbst produzierte Samen vermittelt. Wir waren auf der Suche nach alten Kultursorten und in Sesams Samenbuch fanden wir viele Informationen darüber, wie man selbst Samen ernten kann. Plötzlich begriffen wir, dass wir uns nicht mit den Samen, die wir bisher zufällig gefunden hatten, zufriedengeben müssen. Wir konnten selbst auf die Samenproduktion bei den Gewächsen einwirken, von denen wir gern Samen nehmen wollten. Jetzt konnten wir unseren Anbau und unsere Selbstversorgung weiter ausbauen und tatsächlich ganz selbstständig werden. Doch obwohl wir eigene Samen sammeln, können wir nicht anders, als jedes Jahr auch Samen vieler spannender Sorten zu kaufen.

Eigene Samen zu sammeln, klingt ganz einfach. Im Grunde braucht man ja nur die Samen, die man findet, einzusammeln, zu trocknen und dann wieder auszusäen. Aber wenn es richtig gut laufen soll, dann kann man natürlich noch viel dazulernen.

Es macht richtig Spaß, Dahliensamen zu sammeln, und dass sich Dahlien so leicht aus Samen ziehen lassen, war eine schöne Überraschung.

Samenproduktion

Damit eine Pflanze Samen produziert, muss sie blühen. Einjährige und Stauden blühen meist im Sommer und/oder Herbst. Zweijährige blühen im zweiten Jahr, oft zu Sommerbeginn. Ein echter Kälteeinfall im ersten Jahr kann manchmal dazu führen, dass sie sogar schon im ersten Jahr blühen. Von einer solchen Pflanze sollte man keine Samen nehmen, denn sie blühen zu früh.

Die Samen entwickeln sich nach der Bestäubung, und da gibt es unterschiedliche Varianten. Manche Pflanzen sind selbstbefruchtend, was bedeutet, dass zwei Blüten derselben Pflanze sich bestäuben. Beispiele dafür sind Bohnen, Salat und Tomate. Ein bisschen Wind oder Schütteln kann die Bestäubung erleichtern. Wir helfen bei unseren Tomaten fast immer bei der Bestäubung nach, indem wir mit dem Finger oder einem Pinsel ein bisschen in der Tomatenblüte fummeln. Dadurch wird der Pollen ausgeschüttet und landet an der richtigen Stelle. Andere Pflanzen nutzen draußen Insekten, die den Pollen von einer Blüte zur anderen transportieren, was man Fremdbestäubung nennt. Alle zweijährigen Gemüsearten gehören zu dieser Gruppe, z. B. Kohl, Mangold, Petersilie und Möhren, auch die meisten Stauden nutzen Fremdbestäubung.

Nach der Bestäubung entstehen die Samen je nach Pflanze auf unterschiedliche Art:

PFLANZEN MIT SAMEN IN EINER FRUCHT. Zu dieser Gruppe gehören Tomate, Gurke, Zucchini und Kürbis. Tomaten brauchen meist eine Bestäubungshilfe von uns, und manche Gurkensorten auch. Am besten man wartet mit dem Aufschneiden und Herausnehmen der Samen

so lange wie möglich, damit sie wirklich vollständig entwickelt sind. Manchmal waren wir auch zu spät dran, dann hatten die Samen bereits im Innern gekeimt, meist zum ganz falschen Zeitpunkt im Jahr.

PFLANZEN MIT SAMEN IN HÜLSEN. Die Samen von Hülsenfrüchten wie Erbsen, Dicke Bohnen, Brechbohnen, Wachsbohnen etc. findet man in deren Hülsen. Wenn man Bohnen und Erbsen frisch isst, dann erntet man oft die unreifen Samen. Möchte man Bohnen oder Erbsen lieber trocknen, erntet man die reifen Samen, wenn die Hülsen trocken geworden sind. Radieschen, die nicht rechtzeitig geerntet werden und einfach im Beet bleiben, können blühen und dann kleine Hülsen entwickeln.

PFLANZEN MIT SAMEN ANDERER ART. Salat, Dill, Koriander, Zinnien, Kosmeen und Spinat sind einjährige, sommerblühende Pflanzen. Um die Bestäubung kümmern sich Insekten, unsere Hilfe ist also überflüssig. Zum Herbst sind die Samen normalerweise reif, man sammelt sie ein, wenn sie braun und trocken sind. Wir schneiden den gesamten Zweig mit Samen ab und tun ihn in eine Papiertüte. Biomüllbeutel aus Papier eignen sich perfekt dafür!

GEMÜSE, DAS IM ZWEITEN JAHR BLÜHT

Bete, Mangold, manche Kohlsorten, Möhren, Pastinaken, Haferwurzel, Schwarzwurzel, Knollensellerie, Stangensellerie, Lauch und Petersilie sind zweijährig. Wenn sie über Winter im Garten stehen geblieben sind und überlebt haben, blühen sie üblicherweise im nächsten Sommer. Werden sie dann bestäubt, kann man davon ausgehen, dass sich Samen entwickeln, entweder in Hülsen oder dort, wo sich die Blüte befand. Die Samen sollten am besten an der Pflanze trocknen und dann geerntet werden, um in einer Papiertüte noch auszutrocknen. Die Hülsen vom Kohl öffnen sich sehr leicht, passen Sie also auf, vielleicht wird Kohl zu einem essbaren Unkraut!

← Wenn Koriandersamen braun und trocken werden, kann man sie ernten, entweder, um sie auszusäen oder man mörsert sie und nutzt sie als Gewürz.

SORTENREINE SAMEN UND F1-HYBRIDE

Pflanzen, die sich nicht mit anderen Sorten gekreuzt haben, sondern nur Samen mit denselben Genen produzieren, ergeben sortenreine Samen. Das bedeutet, dass beide Eltern von derselben Sorte abstammen, und dass aus dem Samen eine Pflanze mit denselben Eigenschaften wie die ihrer Eltern wächst. Auf Samentüten steht nicht immer, dass die Samen sortenrein sind. Eine Kreuzung wird auf der Tüte normalerweise „F1" oder „F1-Hybride" genannt. Nimmt man Samen von einer F1-Hybride, wächst eine Pflanze heran, die ganz andere Eigenschaften als die Mutterpflanze haben kann.

Wenn man selbst Samen ernten möchte, muss man sortenreine Samen nehmen, dann weiß man, was man bekommt. Alte Kultursorten sind immer sortenrein oder samenfest.

Neue Kreuzungen vermeiden

Fremdbestäubte Pflanzen mischen ihre Pollen leicht mit anderen Sorten derselben Art. Besonders schnell kommt es zur Kreuzbestäubung bei:

- → Bete – mit anderen Beten und Mangold
- → Mais – mit anderem Mais
- → Kohl – mit Kohl derselben Art
- → Radieschen – mit Rettichen
- → Knollensellerie – mit anderem Sellerie
- → Sommerblumen – mit anderen Sorten
- → Stauden – mit anderen Sorten

BETE UND MANGOLD. Möchte man von diesen Gemüsen Samen ernten, müssen sie überwintern, um überhaupt zu blühen. Im Herbst entscheidet man sich, von welcher Art Bete oder Mangold man im nächsten Spätsommer Samen sammeln möchte. Rote Bete, Weiße Bete, Gelbe Bete, Bunte Bete und Mangold sind verwandt und wenn sie gleichzeitig

← Wenn Grünkohl überwintert, blüht er zu Sommeranfang. Dann entwickelt er samengefüllte Hülsen, wenn die Bestäuber fleißig waren.

blühen, kann es zu Kreuzbestäubung kommen. Normalerweise übernimmt der Wind die Bestäubung, man muss sich also um nichts kümmern. Man kann die Bestäubung allerdings erleichtern, indem man Bete in Gruppen anstelle in Reihen anpflanzt. Manche glauben, dass Pollen sich mit dem Wind einen Kilometer weit verbreiten kann. Um sicher zu sein, muss man also ein bisschen im Blick behalten, was der Nachbar so anbaut und blühen lässt.

MAIS ist einjährig und produziert in derselben Saison, in der er gesät wird, Samen. Mithilfe des Windes kommt es schnell zu Kreuzbestäubung, deswegen sollte man eine einzige Sorte anpflanzen. Es hilft auch nichts, dass der Mais zu unterschiedlichen Gruppen gehört, wie Zuckermais, Stärkemais oder Puffmais. Es heißt, der Abstand zu anderen Maissorten muss drei Kilometer betragen, um Kreuzbestäubung zu verhindern. Man muss mindestens 50 Pflanzen derselben Maissorte setzen, ansonsten kann es zu Inzuchtdepression kommen. Das bedeutet, dass die Samen langfristig, also in zukünftigen Maisgenerationen, immer schlechter werden.

Damit es zur Samenproduktion kommt, muss die männliche Blüte, also die Fahne ganz oben, ihren Pollen auf die Narbe der weiblichen Blüte streuen. Dort, wo die weibliche Blüte sitzt, also in den Blattachseln, entsteht dann der Kolben. Jede ist ein zukünftiges Maiskorn. Wenn eine Narbe keinen Pollen abkriegt, entsteht dort auch kein Korn.

Die Bestäubung geschieht vor allem durch den Wind. Am besten ist es, Mais Gruppen zu pflanzen, das erhöht die Chance, dass der Pollen von der männlichen Blüte auf die Narben der weiblichen trifft. Es ist daher eine ganz schlechte Idee, Mais in Reihen zu setzen. Um ganz sicher zu gehen, helfen wir bei der Bestäubung, sodass die zukünftigen Kolben ganz voller Maiskörner sitzen. Dafür brechen wir männliche Blüten/Fahnen ab und betupfen damit die weiblichen Narben. Es ist gut, mehrere männliche Blüten zu nehmen (auch in Stücken), das sorgt für eine große genetische Variation. Am besten ist es, wenn man über einen Zeitraum immer mal wieder ein paar männliche Blüten pflückt, um die Bestäubungsprozedur zu wiederholen, weil es schwierig ist, zu wissen, wann genau der Pollen reif ist.

KOHLGEWÄCHSE derselben Art kreuzen sich leicht, während es bei unterschiedlichen Arten selten geschieht. Es gibt drei Arten: *Brassica oleracea*, *Brassica rapa* und *Brassica napus*. Auf den Samentütchen werden die Artnamen normalerweise angegeben. Zur Art *Brassica oleracea* gehören z. B. Rosenkohl, Kohlröschen/Kalette (oft F1-Hybride), Kopfkohl, Kohlrabi, Grünkohl, Schwarzkohl, Blumenkohl, Brokkoli und Kai-lan. Die Speiserübe, Stängelkohl, Pak Choi, Tatsoi und Komatsuna sind Beispiele für *Brassica rapa*. Die Steckrübe und der sibirische Blattraps ‚Red russian' gehören zu *Brassica napus*. Bedeutet, man kann Steckrübe und Kopfkohl gleichzeitig säen kann und trotzdem sortenreine Samen erhalten.
Einige Kohlsorten sind zweijährig, z. B. Grünkohl, Schwarzkohl, Kopfkohl, Rosenkohl und Kohlröschen; die blühen im zweiten Jahr, wenn man sie über Winter stehen lässt. Brokkoli, Blumenkohl und einige asiatische Blattkohlsorten blühen im ersten Jahr.

Es ist nicht schwer, den Samen von Kohlgewächsen einzusammeln – nach der Blüte produzieren sie ziemlich viele. Wenn die Hülsen im Herbst trocken wirken, und die Samen darin schwarzbraun sind, kann man sie ernten. Es ist nicht schlimm, wenn man etwas zu früh dran ist, die Samen können auch nach dem Pflücken weiter reifen.

RADIESCHEN UND WINTERRETTICH gehören zur selben Art, beide sind einjährig. Wenn sie gleichzeitig blühen, kreuzen sie sich leicht, bei uns geschieht das allerdings selten, weil wir sie zu unterschiedlichen Zeiten anbauen. Radieschen säen wir meist im Winter oder zu Frühlingsbeginn. Die Pflanze blüht nachdem die Knollen reif sind, oft im Frühsommer. Winterrettich bauen wir später an.

SELLERIE. Die drei Selleriearten, Knollensellerie, Stangensellerie und Blattsellerie sind zweijährig und blühen erst nach dem Überwintern. Die Bestäubung erfolgt durch Insekten. Blühen verschiedene Selleriepflanzen gleichzeitig, kann es zu Kreuzbestäubung kommen. Am besten sät man nur eine Art auf einmal oder man spricht sich mit einem befreundeten Gärtner ab, der mindestens 500 Meter entfernt wohnt, dass jeder seine Sellerieart anbaut.

SOMMERBLUMEN. Man kann von vielen unterschiedlichen Sommerblumen Samen ernten: Ringelblume, Mohn, Großes Löwenmaul, Lobelien, Kosmeen, Dahlien, Trompetenzunge, Aster, Zinnie, Strohblume und andere. Genau wie bei anderen Pflanzen können sich verschiedene Varianten derselben Art, die z. B. unterschiedliche Farben oder eine unterschiedliche Wuchsform haben, miteinander kreuzen. Aus diesen Samen können neue, schöne und überraschende Varianten entstehen. Möchte man also unbekannte Kreuzungen vermeiden, sollte man z. B. nur je eine Sorte Großes Löwenmaul, eine Sorte Himmelblaue Prunkwinde, eine Zinniensorte im Garten haben. Aber wenn man Überraschungen mag, können unbekannte Kreuzungen toll sein, vielleicht verbirgt sich in einem solchen Samen ein zukünftiger Liebling, wer weiß?

Ein weiteres wichtiges Detail, dessen man sich bewusst sein muss, ist, dass es auch unter Sommerblumen F1-Hybriden gibt, ja, sogar fast häufiger als beim Gemüse. F1-Hybriden sind das Resultat geheimer Eltern, die ein Kind mit ganz speziellen Eigenschaften, wie z. B. Farbe, hervorgebracht haben, oft sind die sehr schön. Samen von Sommerblumen, die F1-Hybriden sind, führen nicht zu Nachkommen, die so aussehen, wie die, die Sie ausgesät haben, sind also keine Kopien der Eltern. Ziertabak, Petunien, Sonnenblumen und Begonien sind beispielsweise oft F1-Hybriden und zwar in vielen makellosen Farben und Varianten.

→ Unser Sohn Moses sammelt gern Samen und verkauft sie unter der Bezeichnung Grüne Samen.

STAUDEN. Es ist clever, Samen von Stauden zu sammeln, auch wenn viele sich ebenfalls durch Teilung vermehren lassen. Durch Aussaat kann man ein ganzes Meer zukünftiger Schönheiten erhalten, die in einem Beet den Ton angeben.

Manche Stauden wie Türkischer Mohn, Gartenakelei, Küchenschelle, Kugeldistel und Klematis produzieren oft eine Flut von Samen. Primeln, blauer Scheinmohn und Funkien bieten nicht so übertrieben viel, und es werden noch weniger, wenn man sie nicht erwischt, bevor sie sich lösen.

Verwandte Pflanzen können sich kreuzen, dann entstehen neue Varianten mit etwas anderen Eigenschaften, z. B. in Farbe und Form. Die Akelei ist ein Meister darin, sich wild zu kreuzen und dabei neue Farben und Varianten zu erschaffen.

Das kann spannend sein, aber vielleicht nicht immer so werden, wie man erwartet. Man sollte Pflanzen wählen, die nicht miteinander verwandt sind, also immer nur eine Sorte auf einmal, wenn man nicht riskieren will, später Samen zu ernten, die durch Kreuzbestäubung entstanden sind.

Will man Samen von spätblühenden Stauden einsammeln, sollte man im Herbst die Samenkapseln so spät wie möglich ernten und sie luftig aufheben, damit sie nicht schimmeln.

SAMEN AUS DEM GEMÜSELADEN

Wenn man einmal damit begonnen hat, eigene Samen zu ernten, kommt man vielleicht auf die Idee, auch welche aus dem Obst und Gemüse aus dem Laden zu nehmen. Das ist allerdings eine Art Lotterie, da man nicht weiß, was davon sortenrein ist und was nicht.

← Wenn die Fruchtkapseln des Mohns oben ihre Löcher öffnen, sind die Samen reif.

Vermehrung ohne Samen

Manchmal produzieren Pflanzen keine Samen, vielleicht ist die Sorte extra so gezüchtet, dass sie keine Samen produzieren soll. So ist es z. B. bei Estragon. Der blüht schön und bekommt etwas, das wie Samen aussieht, aber es sind keine. Um Estragon zu vermehren, muss man einen Ableger ziehen. Mehrere Stauden in unseren Beeten muss man auch auf diese Weise vermehren, weil sie unbrauchbare Samen haben oder keine Zeit, um nach der Blüte, aber noch vor dem Winter reife Samen zu produzieren. Die Vermehrung durch Ableger ist perfekt, wenn man eine identische Kopie der Pflanze möchte.

Häufig tauchen Ableger an der Erdoberfläche neben einer bereits etablierten Pflanze auf, manchmal etwas weiter weg und manchmal direkt neben ihr. Man kann die Ableger dann ablösen und über den Sommer in einen Topf mit nährstoffreicher Erde pflanzen. Wenn man regelmäßig gießt, wachsen sie gut und werden richtig groß. Im Herbst können sie dann wieder in ein Beet. Ein Ableger in einem Topf ist auch ein schönes Geschenk für begeisterte Gärtner. Viele Pflanzen im Waldgarten waren ursprünglich Ableger, die wir geschenkt bekommen oder getauscht haben.

Vermehrung kann auch funktionieren, wenn man einen Zweig abschneidet oder manchmal auch eine Spitze. Dann steckt man das Teil in Wasser oder Anzuchterde und wartet darauf, dass es Wurzeln zieht. Manchmal klappt es, manchmal nicht, manche Pflanzen sind schwieriger auf diese Art zu vermehren. Es klappt fantastisch mit Basilikum, Gurke und Tomate, wenn man schnell eine neue Pflanze haben möchte, und es geht schneller als das Aussäen.

→ Primeln entwickeln oft Ableger neben der Hauptpflanze. Wenn man die gesamte Blume ausgräbt, kann man die Ableger vorsichtig ablösen.

9

Im Spätherbst säen

OKTOBER – DEZEMBER

Wenn die dunkle Jahreszeit anbricht, das Laub fällt und der Winter vor der Tür steht, sind viele Beete kahl und leer. Nach der Ernte und wenn die Pflanzen verwelkt und weggeräumt sind, ist die perfekte Gelegenheit, Wurzelgemüse zu säen und Knoblauchzehen zu setzen. Da es nur wenige Sonnenstunden gibt und die Temperatur nicht gerade ideal zum Keimen ist, könnte man glauben, dass der Spätherbst die schlechteste Zeit für die Aussaat ist. Da sollte man umdenken. Bei einer Aussaat im Spätherbst erwartet man nicht, dass die Samen in Dunkelheit und Kälte keimen und bis zur Ernte reifen. Nein, die Samen sollen einfach nur über Winter daliegen und erst wachsen, wenn der Frühling kommt. Es ist schön, wenn die Samen des Wurzelgemüses schon im Boden sind, wenn man dann später im Winter und Frühling so vieles andere aussäen muss.

Wir hatten schon lange selbst ausgesät und angebaut, bevor wir damit auch im Spätherbst begannen. Das lag einerseits daran, dass wir nicht so viel über diese Art des Anbaus wussten, und andererseits daran, dass die Dunkelheit Gartenarbeit schwer machte. Erst als wir Knoblauch anbauen wollten, versuchten wir zum ersten Mal, ihn so spät im Herbst zu setzen. Wir lasen nach, wann gepflanzt werden soll, damit die neuen Zehen bis zur Ernte reifen können. Im Oktober – November hieß es. Wie spannend, dachten wir. Außerdem lasen wir, dass Knoblauch eine ausgesprochen nährstoffreiche Erde braucht, dabei hatten wir mit unserer sandigen Erde schon Probleme mit dem Nährstoffgehalt. Also brachten wir Unmengen Kompost und Dünger aufs Knoblauchbeet.

Wir setzten die französischen Sorten ‚Thermidrome', ‚Sabadrome' und ‚Germidour'. Wir hatten gelesen, dass man nicht einfach den Knoblauch aus dem Gemüseladen nehmen kann. Der kann nämlich mit einem Virus infiziert sein, der die Erde für lange Zeit verderben kann. Im Frühling brachten wir zusätzlichen Dünger rund um die inzwischen gewachsenen Pflanzen ein, und Ende Juli war der Knoblauch erntereif. Wir waren superstolz! Eigenen Knoblauch anzubauen, fühlte sich supertoll an, so als hätten wir das Unmögliche geschafft.

Als aus dem Knoblauchsetzen im Herbst eine Tradition geworden war, und wir die Beete vorbereiteten, dachten wir, dass wir es doch auch mal mit anderen Samen probieren könnten, wo wir schon mal dabei waren. Wir hatten von der Aussaat im Spätherbst gehört und zwar von Stauden und Wurzelgemüse, wie Möhren, Pastinaken, Schwarzwurzel und Haferwurzel. Da Wurzelgemüse direkt gesät werden muss und nicht so gut vorgezogen werden kann, durfte es in die Erde. Die Stauden säten wir in Töpfe oder Anzuchtkisten.

Aus irgendeinem Grund keimten die Staudensamen entweder zu früh und erfroren dann, oder sie keimten gar nicht. Also hörten wir mit der frühen Aussaat von Stauden ganz auf. Das Wurzelgemüse war dagegen ein gelungenes Experiment. Die Samen aus Tüten mit hübschen, roten Möhren darauf kamen damit allerdings nicht so gut klar. Sie programmierten sich in der Winterruhe um und blühten, anstatt eine kräftige Möhre zu entwickeln.

→ Manchmal schaffen wir es, die Erde vor dem ersten Bodenfrost zu bearbeiten.

Haverrot
PORTION
Haverrot
Gammal Gotländsk
PORTION

Die Ernte des nächsten Jahres vorbereiten

Bei uns geht es beim Säen im Spätherbst nur um Knoblauchsetzen und Direktaussaat. Die Erde im Freiland oder in großen Pflanzkisten friert nicht so leicht wie in Töpfen. Man kann natürlich auch in kleinere Gefäße säen, aber die muss man dann in der Erde eingraben, damit die Sämlinge nicht den plötzlichen Kältetod erleiden.

In unserem Gewächshaus haben wir weder Bodenbeete noch Holzrahmenbeete, daher säen wir im Herbst immer im Freien, in Beete ohne Kälteschutz. In einem Gewächshaus oder einem Folientunnel ginge die Entwicklung wohl schneller, aber das ist unwichtig, da wir ja ohnehin nicht wollen, dass die Samen bereits im Herbst keimen, auch wenn manche robust genug dafür sind. Wenn man es nicht geschafft hat, im Herbst zu säen, so kann man auch noch im Winter auf dieselbe Art und Weise säen, sogar auf gefrorener Erde, wenn man ein bisschen aufgetaute Erde darüberstreut, um die Samen zu bedecken.

Um die Erde vorzubereiten, entfernen wir das Unkraut und geben, wenn möglich, viel organisches Material dazu, vor allem Dünger, der bei der Herbstaussaat sehr wichtig ist. Wenn die Samen einmal in der Erde sind, ist es schwer, nachträglich noch Dünger einzuarbeiten.

Üblicherweise säen wir in das gerade abgeerntete Freiland- oder Holzrahmenbeet. Alte Pflanzenreste können darin bleiben und in die Erde eingearbeitet werden. Wenn man Komposterde und einen Laubhaufen hat, kann auch das untergegraben werden, sogar Fallobst passt. Wenn man gekauften, pelletierten Dünger verwendet, ist es gut, außerdem organisches Material wie Kompost oder Pflanzenreste dazuzugeben. Die oberste Schicht sollte nur aus Erde ohne viel grobes Material

← Es ist praktisch, Wurzelgemüse wie Haferwurzel, Schwarzwurzel, Möhren und Pastinaken in Reihen zu säen, das erleichtert das Unkrautjäten.

bestehen, sodass die Samen und Wurzeln es am Anfang leicht haben. Nach einer Weile, wenn die Pflanzen wachsen, treffen ihre Wurzeln auf die Nährstoffe.

EIN WORT ZUR WARNUNG!

Wir haben die Erfahrung gemacht, dass Knoblauch kein Bokashi in der Erde zu mögen scheint. Diese Art Kompost hebt man also besser für andere Pflanzen auf und gibt dem Knoblauch normale Komposterde. Jedes Mal, wenn wir Bokashi unter die Knoblaucherde gegeben haben, war das Ergebnis miserabel. Von den dreißig gesetzten Zehen entwickelten sich dann mit viel Glück vielleicht fünf zu großen Knoblauchzehen. Unsere Erklärung lautet, dass die Zehen wahrscheinlich zusammen mit dem Bokashi fermentierten.

Sollte man es nicht schaffen, zu säen oder zu pflanzen, bevor der Boden friert, wird es schwer, die Erde zu bearbeiten und zu düngen. Aber noch ist nicht alles verloren. In dem Fall wird eben später gedüngt, oder man düngt im April und Mai mit Flüssigdünger. Am besten ist es, kontinuierlich mit Düngerwasser in einer schwachen Lösung zu gießen (s. S. 37).

Wir heben immer einen Sack Erde an einem frostfreien Platz auf, damit wir die Aussaat bei Bodenfrost noch bestreuen können. Hat es geschneit, räumen wir zuerst den Schnee weg und breiten dann eine 2–5 cm dicke Schicht Erde aus, bevor wir die Samen in Reihen aussäen. Gerade bei Wurzelgemüse finden wir Reihen am besten, vor allem, weil wir dann wissen, wo es sich befindet, wenn Unkraut dazwischen keimt, was normalerweise schneller geschieht als das Wurzelgemüse wächst. Den Samen von Mohn, Petersilie und Feldsalat verstreuen wir entweder auf einer größeren Fläche oder verteilen ihn in kleinen Gruppen hier und da. Manchmal legen wir den Samen einfach aus, ohne ihn anzudrücken, danach verteilen wir dann eine 0, 5 –1 cm dünne Schicht Erde darauf.

KNOBLAUCH SETZEN

Wir setzen unsere Knoblauchzehen, bevor es Bodenfrost gibt. Wenn die Erde über Winter nicht gefriert, kann man sie setzen, wann man will. Es heißt, dass Knoblauch nur Zehen bilden kann, wenn er im Herbst gesetzt wird, aber wir haben auch schon gehört, dass man ihn Anfang Frühling setzen und trotzdem viele Knoblauchzehen ernten kann.

Wir verteilen die Zehen oft gleichmäßig auf dem Beet, mit der Spitze nach oben, damit das Kraut leicht hochwachsen kann. Wenn alle Zehen verteilt sind, drücken wir sie mit den Fingern in die Erde. Wir erzielen gute Ergebnisse mit 15–25 Zehen in einem gut gedüngten Frühbeet. Knoblauch muss 7–10 cm tief gesetzt werden. Glaubt man, dass sie nicht tief genug gelandet sind, kann man eine Schicht Erde daraufgeben. Wenn man vorher Schnee weggeräumt hat, kann man ihn nach dem Setzen wieder zurücklegen, gießen muss man nicht. Ein wichtiger Tipp ist, deutlich zu markieren, wo man die Zehen gesetzt hat, denn wenn im Frühling alle möglichen Pflanzen gesetzt werden müssen, dann geschieht es leicht, dass man in einem Beet am Ende doppelt so viele Pflanzen hat wie geplant, weil man dachte, es sei leer.

Wenn im Herbst das Knoblauchkraut erscheint, muss man sich keine Sorgen machen. Dem Knoblauch scheint das nicht zu schaden. Wer aber Mulchbeete hat, sollte wissen, dass es dem Kraut schwerfällt, durch eine dicke Schicht von organischem Material zu brechen.

UNSERE LIEBLINGE FÜR DIE AUSSAAT IM HERBST

- → Feldsalat
- → Haferwurzel
- → Knoblauch (wird als Zehen gesetzt)
- → Möhren
- → Mohn
- → Pastinaken
- → Petersilie
- → Schwarzwurzel
- → Spinat
- → Topinambur (wird als Knolle gesetzt)

Direktaussaat und Knoblauchsetzen

WANN: Mitte Oktober bis Anfang Dezember.

MAN BRAUCHT:

- nicht gefrorene Gartenerde oder Anzuchterde (eventuell)
- Komposterde, organisches Material und/oder Pflanzenkohle
- ggf. festen Dünger
- Samen oder Knoblauchzehen
- Pflanzenetiketten und Stift

SO GEHT'S:

1. Wenn die Erde warm genug zum Umgraben ist, kann man bei sandiger Erde ordentlich Kompost und organisches Material, gern sogar Pflanzenkohle dazugeben, bei lehmiger braucht man keine Pflanzenkohle. Arbeiten Sie in die oberste Erdschicht (10 cm) Pferde-, Kuh- oder Hühnerdung ein oder einen pelletierten Dünger. Ist die Erde fest gefroren, wenn Sie säen wollen, räumen Sie eine eventuelle Schneedecke ab und bringen Sie eine 2-5cm Schicht weiche Erde aus.
2. Die Samen ausstreuen. Sollen es hübsche Gruppen werden, dann legen Sie die Samen in kleine Häufchen, 3–5 Samen, wenn es große sind, bei kleinen deutlich mehr. Sollen die Pflanzen in geraden Reihen stehen, säen Sie gerade Reihen. Knoblauchzehen werden gesetzt, bevor die Erde gefroren ist , und zwar mit der Spitze nach oben, 10 cm tief und mit 10–15 cm Abstand.
3. Sorte und Datum auf ein Etikett schreiben und in die Erde stecken.
4. Streuen Sie etwas Erde über die Samen, ein bis zwei Zentimeter. Knoblauchzehen werden mit Erde bedeckt, ca. 10 cm.
5. Sollten Sie vor der Aussaat oder dem Setzen Schnee weggeräumt haben, dann können Sie ihn wieder an die alte Stelle zurückbringen.
6. Gießen Sie im Frühling je 10–40 l pro Quadratmeter 1 bis 3-mal pro Woche–lieber viel und selten als wenig und oft. Gießen Sie aber vorsichtig, damit sie Samen oder Knoblauchzehen nicht wegspülen.

Hegen und Ernten

Wenn die Vegetation im Frühling so richtig in Gang kommt, muss man stetig für Wasserzufuhr sorgen, entweder durch Schnee und Regen oder durch Gießen. Wenn man bei der Aussaat nicht düngen konnte, kann man Dünger fein zwischen den Reihen verteilen oder immer mit verdünntem Dünger gießen. Wichtig ist, dass man die Reihen gut markiert, sodass man nicht zwischen den Samen rumwühlt und Wurzeln oder Keimlinge beschädigt.

Bei den winzigen Möhrensamen geschieht es unausweichlich, dass die Samen zu nah nebeneinander landen. Dadurch kann es für die Wurzeln schwerer sein, groß zu werden, wenn alle Pflanzen bleiben und drängeln. Wir warten immer, bis man erahnt, dass manche Möhren ca. 1 cm Durchmesser haben, dann ziehen wir die größten, die zu nah an anderen wachsen, heraus und essen sie als Jungmöhren. Der Rest darf weiterwachsen bis zur nächsten Runde Ausdünnungsernte.

ERNTEZEIT

Der Zeitpunkt der Knoblauchernte hängt davon ab, ob man frischen Knoblauch essen oder ihn einlagern möchte. Sobald das Kraut ungefähr 10 cm hoch ist, kann man ernten, entweder, indem man die gesamte Pflanze mit Zehe und allem herauszieht oder indem man ein Blatt abreißt. Die gesamte Pflanze schmeckt nämlich nach Knoblauch, aber die Blätter haben einen etwas grüneren Geschmack.

Wenn man mit der Ernte bis Ende Juli wartet, hat der Knoblauch feste Zehen entwickelt, so wie man sie im Laden findet. Die Zehen kann man recht lange einlagern, bei Zimmertemperatur mit etwas Glück bis in den Frühling. Danach schrumpfen sie bei uns immer. Wartet man mit der Ernte bis zum Herbst, haben die Zehen sich oft schon von den

→ Nach der Ernte muss der Knoblauch in der Sonne trocknen.

Blättern gelöst und die Lagerungsfähigkeit hat stark abgenommen – der Knoblauch macht sich dann nämlich schon bereit für die nächste Saison. Aber auch diese Zehen schmecken gut.

Beim Wurzelgemüse gibt es keinen exakten Zeitpunkt für die ideale Ernte. Man kann im Herbst ernten, wann man will. Wenn der Winter nicht zu kalt wird, kann man ein paar Wurzeln sogar für den Frühling aufsparen und auf das Beste hoffen. Sommermöhren müssen im Sommer geerntet werden.

Im Herbst ausgesäter Mohn blüht im Juni, und wenn die Blütenblätter zu Boden fallen, bleiben die großen Samenkapseln übrig. Wir pflanzen Mohn wegen seiner hübschen Blüten an, aber die Samen sind auch essbar. Nur die Papaver-Somniferum-Sorten haben essbare Samen. Wenn die Samenkapsel trocknet und sich unter dem, was wie eine kleine Kappe aussieht, Löcher bilden, sind die Samen für die Ernte bereit.

Feldsalat kann geerntet werden, sobald die Blattrosetten aus der Erde schauen, bei uns ist das meist Ende Oktober. Da sie den ganzen Winter über grün und schön bleiben, kann man ernten, bis nichts mehr da ist. Wenn zu Sommerbeginn noch Feldsalat übrig ist, blüht er und sät sich selbst aus. Das finden wir super!

Petersilie wird laufend geerntet. Im Winter kann sie abwelken, wenn es zu kalt wird, aber dann treibt sie im zeitigen Frühjahr wieder neue Äste und Blätter. Petersilie ist zweijährig und blüht im zweiten Jahr. Lässt man die Samen stehen, sät sie sich selbst aus, und man kann über viele Jahre am selben Platz Petersilie haben.

→ 1. Petersilie 2. Topinambur 3. Möhren 4. Pastinaken 5. Haferwurzel 6. Feldsalat 7. Schwarzwurzel 8. Mohn 9. Knoblauch

Register

DANKSAGUNG

Wir wollen uns bei all unseren frühen Inspirationsquellen der Gartenkunst herzlich bedanken: Nils Åkerstedt, Trädgårdsamatörerna, Dansk Primula klub, Uta Jacobs, Karin Oker-Blom und andere Gärtnerinnen, die ihr Wissen und ihre Pflanzen so großzügig teilen. Großen Dank an Mama Solveig, die den Garten angelegt hat, den wir dann übernommen und erneut zum Blühen gebracht haben, und an Papa Paul, der ein großes Gewächshaus organisiert und uns alle zu Experimenten inspiriert hat.

Wir sind auch unglaublich dankbar, dass ihr, unsere Kinder Moses und Tora, uns bei unserem Gartenabenteuer begleitet und unsere Ernten genießt.

Schließlich möchten wir uns noch bei Susanna Eriksson Lundqvist bedanken, die unsere langen Texte bearbeitet, geprüft und weiterentwickelt hat, an Sebastian Wadsted, der unserem Buch die Form verliehen und es mit hübschen Illustrationen geschmückt hat und an Martin Ransgart und alle anderen bei Bonnier Fakta, die an unsere Ideen geglaubt und sie umgesetzt haben.

Hochbeet – Jetzt durchstarten

Spielerisch gärtnern und erfolgreich ernten

Deborah & Florian Hucht
€24,00 [D] € 24,70 [A]
ISBN 978-3-7843-5737-9

Was wächst wann im Hochbeet? Wer sind die Freunde und Feinde von Gemüse, Blumen und Kräutern und wie lockt man sie an oder hält sie fern? Deborah und Florian Hucht haben sich den Wunsch nach einem Kleingarten erfüllt. Mittlerweile haben sie dort 18 Hochbeete aufgestellt – Tendenz steigend. Ihre Erfahrungen mit den richtigen Sorten, der besten Pflanzzeit und ertragreichen Ernten rund ums Jahr geben sie in diesem Gartenbuch weiter. Dabei steht immer die Freude am Ausprobieren im Vordergrund – schließlich ist noch kein Meister vom Himmel gefallen. Die ersten Erfolge schmecken dafür umso besser!

- Der Anfang: Hochbeet mit Frühbeetaufsatz selbst bauen
- Gärtner-Level von Anfänger:innen über Wiedereinsteiger:innen bis zum Profi: Das sollten Sie beachten
- Hochbeet bepflanzen: Jahresplan für Ernteerfolge von März bis Dezember
- Mit einer bunten Sammlung von Tipps und Tricks für Gartenfreund:innen
- Schritt für Schritt zum Hochbeetgarten: So sprießen Radieschen und Co.

Hühner-Glück

Kleiner Leitfaden für die artgerechte Haltung im eigenen Garten

Christian Naudain-Huet
€ 25,00 [D] € 25,70 [A]
ISBN 978-3-7843-5763-8

Zurück zur Natur: Eier von den eigenen Hühnern! Viele träumen davon, Hühner im eigenen Garten zu halten, denn Naturverbundenheit und Selbstversorgung liegen im Trend. Hühner sind zwar keine Haustiere, aber sie können sensible Mitglieder der erweiterten Familie sein und haben alle ihren eigenen Charakter. Das Buch von Christian Naudain-Huet macht Anfänger:innen Mut und hält die wichtigsten Informationen zur Hühnerwelt parat. Mit vielen Schritt-für-Schritt-Anleitungen und Rezepten für das perfekte Futter!

- Hühner halten für Anfänger:innen: Wie ticken Hühner und was brauchen sie?
- Hühnerrassen für den Garten: Welches Huhn passt zu mir?
- Artgerechte Tierhaltung: Von der Stallpflege über optimales Futter bis zum geeigneten Auslauf
- Gesundes Hühnerleben: Krankheiten erkennen und Paroli bieten
- Liebevoll gestaltetes Hühner-Buch mit zahlreichen naturgetreuen Illustrationen

Jetzt bestellen unter www.buchweltshop.de oder in Ihrer Lieblingsbuchhandlung

Mit Liebe für Sie gemacht!

WIR LIEFERN HERAUSRAGENDE QUALITÄT.

Landleben, Genuss, Natur: Hier sind wir zu Hause.

MATERIAL, FORMAT, BINDUNG

Wir stehen für hochwertige Bücher mit individuellen Details.

KNIPS!

Ein anregendes Layout und großformatige Bilder sind für uns unerlässlich.

REGIONAL VERWURZELT

Kurze Transportwege sind uns wichtig – für die Umwelt und einen kleineren CO_2-Fußabdruck.

FAMILIÄR

Unser Team kümmert sich mit Hingabe um jede Ihrer Anfragen.

NATURVERBUNDEN

Wir bevorzugen FSC-zertifiziertes Papier.

FEEDBACK

Wir nehmen uns Kritik zu Herzen und sehen Fehler als Chance.

Herausgegeben von Bonnier Fakta
Originaltitel: Odla Kallt

1. Auflage 2024

Übersetzung: Christine Heinzius, Saarbrücken
Gestaltung: Sebastian Wadsted
Redaktion: Susanna Eriksson Lundqvist
Satz: Christiane Leesker, Münster
Herstellung: LV Media Pro im Landwirtschaftsverlag GmbH,
Anja Luszek-Hoffmann (Ltg.), Ingo Feyka
Druck: aprinta druck GmbH, Wemding

ISBN 978-3-7843-5772-0

www.lv-buch.de

MIX
Papier | Fördert gute Waldnutzung
FSC® C004592